ダーウィンの夢

渡辺政隆

光文社新書

目次

序章

始まりの聖地巡礼

――カンブリア紀「生命の大爆発」の眠る山

バージェス動物群の最初の発見者であるアメリカの古生物学者、C.D.ウォルコット（1850-1927）

進化生物学の聖地、バージェス

高度はすでに森林限界を超えている。キャンプサイトを出発し、針葉樹の林とエメラルド色に輝くその名もエメラルド湖を眼下に見ながら、急峻なガレ場を登ること三〇分あまり。そびえ立つ岩壁にへばりつくように切り開かれた岩棚に到着した。ウォルコットの発掘場だ。そこは想像以上に狭い場所だった。夏の終わりに東京を発《た》って巡礼の旅に出たぼくは、ボストンのハーヴァード大学、ワシントンDCの国立自然史博物館、カナダのバッドランドを経て、ついに最終目的地である「聖地」に立った。

カナディアンロッキーの高度二四〇〇メートルに位置する聖地の名は、バージェス頁岩層《けつがんそう》。一九九三年八月二九日のことだった。

巡礼の旅に出る理由は人さまざまだろう。それを半ば義務化した宗派もあるし、止《や》むに止まれぬ思いから旅に出る人もいる。そしてもちろん、宗教的ではなく、比喩的な意味での巡礼もある。それぞれにとっての「聖地」巡礼。

自分にとって大切な場所としての「聖地」の種類は一様ではない。武道館あるいは東京ドームでのコンサートを夢見る歌手の卵もいるだろう。甲子園を聖地として目指す少年たちだっている。プロレス好きだったぼくの甥《おい》っ子は、かつて、ニューヨークのマジソン・スクエア・ガーデンに一度行ってみたいと夢を語っていた。ダコタハウスの入り口に立ちたいというジョン・レノンの熱烈なファンもいるだろう。海外の遊学先としてわざわざリバプール大学を選んだビートルマニアの研究者もいる。

バージェス頁岩層は地名ではない。正確には地層の名称であり、バージェス登山道を登ってたどり着ける場所にある、スティーヴン山の頁岩層である。

そこからは、今から五億四二〇〇万～四億八八〇〇万年前を画するカンブリア紀の中期にあたる、およそ五億五〇〇〇万年前の化石が、まさにざくざくと出土する。しかも泥板岩《でいばんがん》とも呼ばれる頁岩は目の細かい泥が固まったものなので、構造が細部まで保存された化石が出土するのだ。

〈図１〉発掘場から望むエメラルド湖（著者撮影）

発見当初、カンブリア紀の多くの化石動物は単純に節足動物としてひとまとめに分類されていた。ところがその後の研究により、その多くが、じつは奇妙奇天烈な生きものだったことがわかってきた。今では、それらの動物はまとめてバージェス動物群あるいは俗にバージェスモンスターと総称されている。

イッツ・ア・ワンダフル・ライフ！

バージェス頁岩層は古生物学の至宝の一つである。その存在を一躍有名にしたのは、ハーヴァード大学の古生物学者にして名うてのサイエンスライターだった、今は亡きスティーヴン・ジェイ・グールドの著書『ワンダフル・ライフ』である。

ぼくもその翻訳書を一九九三年四月に出版したことで、日本での普及に少しは貢献することができた。そしてぼく自身のその後の人生も変わったといってもそれほど大げさではない。まだ「素晴らしき哉《かな》、人生！」と叫ぶには早すぎるにしても。

往年のハリウッドの名優ジェイムズ・スチュアートは、アメリカの良心的なキャラクターを演じさせたらぴか一の存在だった。それは出世作『スミス都へ行く』（一九三九）に負うところが大きい。田舎の純朴な青年が、ひょんなことから上院議員にされ、醜い政治闘争に翻弄される。しかし発言権を盾に議会を占拠し、最後は、初心を忘れていた古参政治家たちの良心を動かすというその映画は、荒唐無稽ではあるが感動的な秀作である。

そのジェイムズ・スチュアートの数ある代表作の一つ『素晴らしき哉、人生！』（一九四六）

は、アメリカでは毎年クリスマスにテレビで放映される定番の名画となっている。

生真面目で家族思いの主人公ジョージ・ベイリーは実直に働いてきたにもかかわらず、強欲な金貸しポッターの奸計《かんけい》にはまってしまい破産する。生命保険を家族に残す決意をしたベイリーは、クリスマスイブの夜に橋の上から身を投げようとする。

しかしそこに守護天使が現われ、自分が死んだ後の家族や友人たちの悲しみに暮れる生活を見せられる。そして、自分がいかに周囲から愛されていたか、自分の命は自分だけのものではないことを教えられる。かくして時計は橋の上にたたずんだ瞬間まで巻き戻され、彼は人生をやり直す決意をする。「ああ、人生は素晴らしい!」これがこの映画の骨子である。

なぜそんな話を紹介したか。じつは、この映画の原題は『イッツ・ア・ワンダフル・ライフ』であり、グールドの『ワンダフル・ライフ』という書名はこの映画へのオマージュなのだ。

五億四二〇〇万年前に突然現われた「奇妙な生き物」たち

ではその『ワンダフル・ライフ』とジェイムズ・スチュアートの人情話がなぜリンクするのだろう。

『ワンダフル・ライフ』は、バージェス動物群発見にまつわるエピソードとその後の研究史、そしてその研究成果から著者グールドが読み取った気宇壮大《きうそうだい》なメッセージを語った読み物である。その壮大なメッセージを要約してみよう。

○生命が誕生した三十数億年前から五億数千万年前までの三十数億年間、生物の多様性は恐ろしく貧困だった。
○ところが今から五億四二〇〇万年前、カンブリア紀になったとたん、硬い殻をもつさまざまな種類の動物（バージェス動物群）が突如として出現した。
○その多くは、現在の動物分類の大枠（動物門）には収まりきらないほど、奇妙奇天烈である。
○しかもその多くは、子孫を残さずに絶滅したらしい。
○現在の生物は、たまたま生き残った幸運な生物の系統の子孫にすぎない。
○もし仮にカンブリア紀まで時間を巻き戻して進化の歴史をリプレイさせれば、生き残る生物の顔ぶれはがらりと変わりうる。
○そうなれば、われわれ人類も存在しなかったかもしれない。

奇妙な生物の多様性はカンブリア紀の初期に一気に、まさに爆発的に実現された。カンブリア紀初期に起こったこの爆発的な進化は「カンブリア紀の爆発」と呼ばれている。

バージェス動物の奇妙奇天烈さ、妙ちきりんさは、生物進化初期の段階の壮大な実験だった。しかもその実験は、多数の生物の絶滅をもたらしたのだが、それは、強いもの、優れたものが生き残る式の「正当」なゲームではなかった。進化の過程で生き残れるかどうかは運まかせの偶然だった可能性が大きいというのだ。

そういうわけで、書名の『ワンダフル・ライフ』は、時間を巻き戻してリプレイさせたらどうなるかという問いかけを、名画『イッツ・ア・ワンダフル・ライフ』のストーリーに引っかけているのである。それと、奇妙奇天烈なバージェス動物を驚異的な生きもの《ワンダフル・ライフ》と呼ぶことで、やはり件《くだん》の映画タイトルに引っかけてもいる（英語のライフには、生命、生物という意味と、人生という意味がある）。

グールドの壮大なメッセージは、その後の研究が進んだことでかなりの後退を余儀なくされた。それでも、バージェス動物群の研究を世に知らしめた功績はあまりにも大きい。

生前のグールドは、自分が進化について語り続けるのは、それがすばらしいメッセージであり、進化を理解しないことは各人の人生にとって大きな損失だからだと語っていた。そして、バージェス動物をめぐる物語は古生物学者コミュニティの中だけにとどめておくにはあまりにも素晴らしすぎると思い立ち、『ワンダフル・ライフ』を世に送り出した。

グールドが一般の読者に向けて生き生きと描き出したように、現在の地球が多様な生きもので満たされているのと同じく、五億年前のカンブリア紀の地球も、少なくとも浅海は多様な生きもので満たされていた。それを垣間見させてくれる覗き窓が、カナディアンロッキー山中の山肌に露出しているバージェス頁岩層なのである。

生命の形態が蘇る宝の山

バージェス頁岩層への一般的な登山口は、カナディアンロッキー観光の中心地であるバンフから八五キロの距離にあるフィールドという小さな町である。そこにはヨーホー国立公園の管理事務所があり、バージェス動物群や別の化石層から見つかる三葉虫などの標本が展示してある。

化石発掘現場を見学するには、国立公園事務所が管轄するトレッキングツアーに参加する必要がある。七月中旬から九月中旬まで、一日一回、定員一五名のツアーである。標高差は七五〇メートル、距離は二一キロ、所要時間の目安は往復一〇時間。生命進化の深淵を覗き見したいならばチャレンジする価値はある。ナキウサギが迎えてくれるトレッキングそのものだけでも楽しい。

グールド自身は、『ワンダフル・ライフ』を執筆中の一九八七年八月に聖地巡礼を果たしている。そのときの様子を記した一節を引用してみよう。

> いまなら、近くにウイスキージャック・ホステル（命名の由来は大西部の酔いどれヒーローではなく、鳥の名前）のあるタカッコウ滝キャンプ場まで車で行き、ワプタ山の北西麓《ほくせいろく》をくねくねと登る六キロの登山道を通ってバージェス尾根まで、高度にして九〇〇メートルの登山をすればいい。登山とはいってもたいしたことはない。きついところもあるにはあるが、だいたいは楽しい散策の域をでない登りばかりである。いつもは海抜ゼロメートル近くで暮らし、体重超過で体型もくずれた私が言うのだからまちがいない。
>
> （『ワンダフル・ライフ』より）

ぼくが聖地巡礼をした一九九三年八月二九日は素晴らしい晴天に恵まれた。その日は化石の発掘調査に入っていたロイヤル・オンタリオ博物館チーム撤収の日で、そのシーズンを通して三本の指に入る好天だったと教えられた。一週間キャンプを張ったNHKの撮影隊は、ついに晴天に恵まれなかったとも。

ぼくが聖地巡礼の機会を得たのは、ある雑誌の創刊号でバージェス動物特集が組まれたことによる。そこで、ハーヴァード大学でグールドに会ったのを振り出しに、バージェス動物群のそもそもの発見者だったチャールズ・ドゥーリトル・ウォルコットが集めた化石が展示してあるスミソニアン協会の国立自然史博物館に立ち寄り、そこからカナダのカルガリーに飛び、恐竜化石の展示で有名なロイヤル・ティレル古生物学博物館を経て、フィールドの町にたどり着いた。

フィールドの町から発掘現場までは、登山道を歩いて片道およそ五時間の道のりだが、ぼくら一行はロイヤル・オンタリオ博物館チームの好意で、行きだけは空荷《からに》で飛ぶ撤収用ヘリコプターに乗せてもらい、彼らのキャンプサイトまで一気に運んでもらった。「楽しい散策」さえ省いたのだから、五体投地の苦行を繰り返しながら聖地ラサを目指すチベット仏教徒の巡礼とは比較にならない手抜きであり、後ろめたい気もする。

だが、わずか一〇分の空の旅ながら、バージェス頁岩層を懐に抱くロッキーの山々の威容は格別だったし、キャンプサイトから発掘現場までのわずか三〇分の登りも急勾配で、聖地までの貴重な通過儀礼だった。発掘隊員は、キャンプサイトから発掘現場まで毎日その登山道を往復している。しかも下りは、めぼしい化石を含む頁岩を担いで下ろさねばならない。若者たちは、ビールが恋しくなると、ときどきは夕方になるのを待ちかねて眼下のエメラルド湖めがけて駆け下り、朝までに再びキャンプに戻ってくることもあると聞いた。

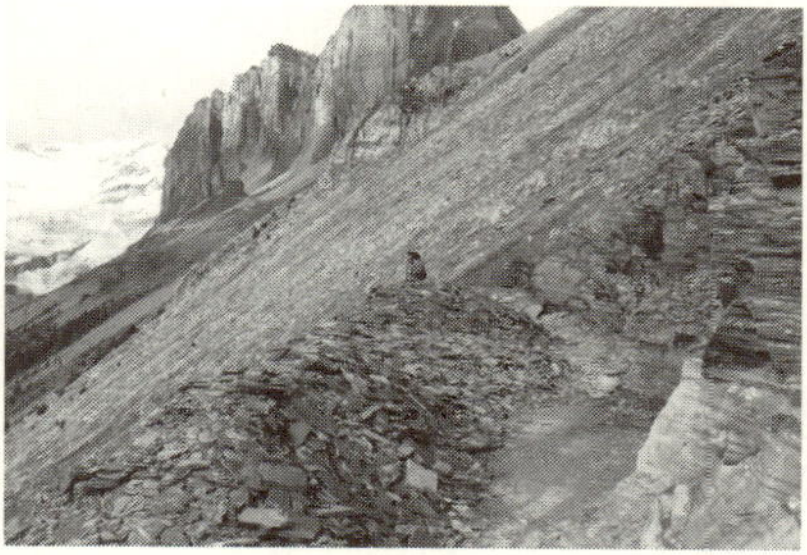
〈図２〉宝が埋まっているが、意外に狭いウォルコットの採掘場（著者撮影）

冒頭で記したように、主要な発掘現場であるウォルコットの発掘場は思いのほか狭い。小学校の講堂の舞台ほどの狭さとでもいえばいいだろうか。山側は板石を掘り出した跡の垂直の壁になっており、谷側には掘り出した板石が積み上げてある。

その一つを手に取って驚いた。なんと化石が入っているではないか。次々と検分すると、二枚貝のような殻をもつ節足動物カナダスピス、レースガニの俗称もある優雅な節足動物マルレラ（図3）、海底に穴を掘って潜んでいた肉食の鰓曳虫《えらびきむし》オットイア（図4）、そしてカンブリア紀最大の肉

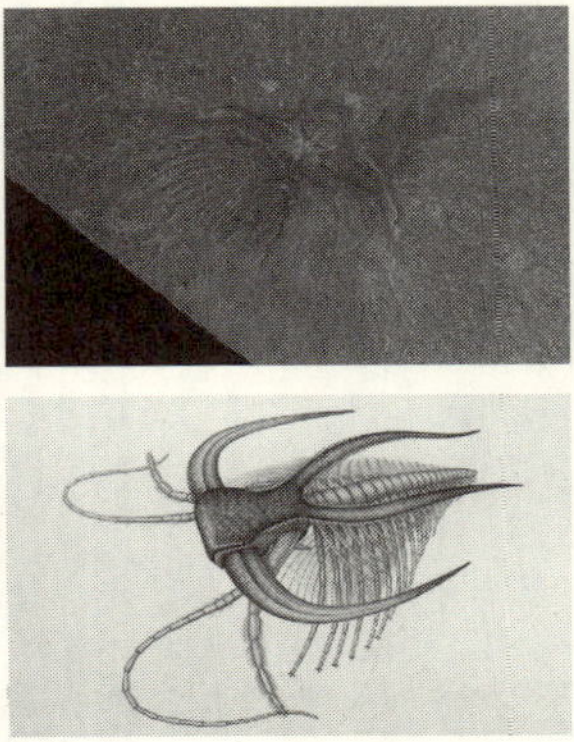

〈図３〉上：マルレラの化石
下：復元図

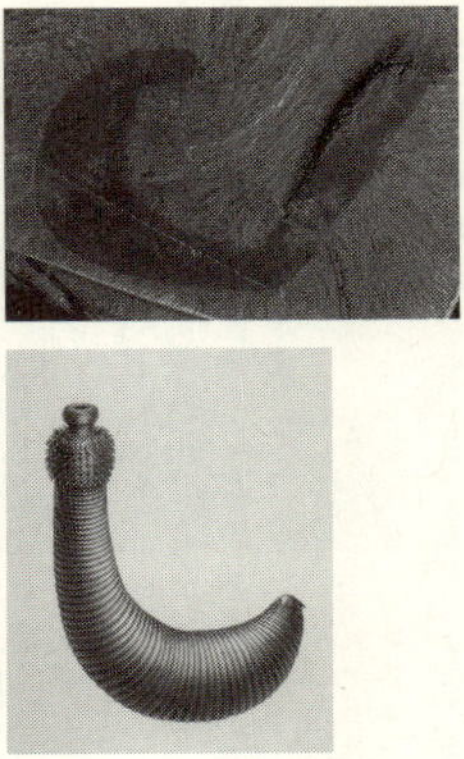

〈図４〉上：オットイアの化石／下：復元図

図３〜図５　写真提供：蒲郡・生命の海科学館／illustration：Richard Tibbitts & Evi Antoniou Tibbitts、生命の海科学館

食動物アノマロカリス（図5）の牙《きば》の化石も見つかった。それらはごくふつうのありふれた化石であるため、とりあえずは放置してあるのだという。したがって今回の撤収作業でも持ち帰ることはない。そこはまさに宝の山だった。

頁岩は化石が入っている場所で簡単に剥がれる。剥がれた石の表面には、レリーフ状になった化石が見つかる。ただし、バージェス動物の大半は驚くほど小さい。そのほとんどは、虫眼鏡がなければ確認できないほどだ。しかも、ぺしゃんこに潰れている。古生物学者たちは、顕微鏡を覗きながら、石化した遺骸の薄片を一枚ずつ剥がしていき、生きていたときの立体構造を復元する。もちろん、複数の化石を比較した上で実像の復元を行なうのだが、それは三次元構造を復元するための並外れた想像力と直感を要する作業であり、忍耐と手先の器用さだけではできない仕事である。

五億年前のそこは、赤道直下の浅い海だった。それが、予期せぬ泥流によって生物の遺骸が一気に埋葬された後、プレートテクトニクスによる大陸移動と造山運動によって、内陸の、しかも標高二千数百メートルの高山へと押し上げられた。そしてひょんなことから人間の知るところとなり、遠く海外からも巡礼客が訪れる進化生物学の聖地となったのだ。そこにはいったいいくつの偶然が介在したことやら。

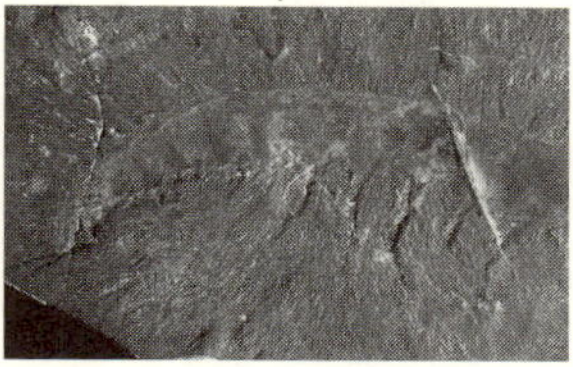

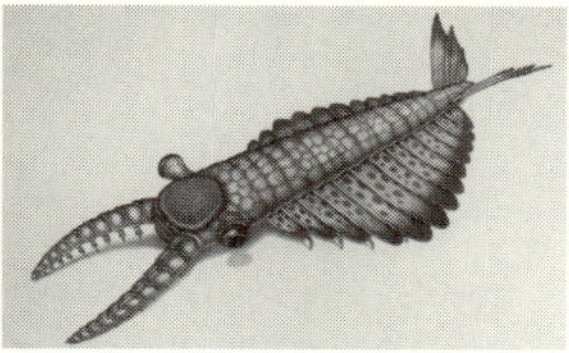

〈図５〉上：体長１メートルにも及んだアノマロカリスの化石
下：復元図

思えばぼく自身、まさかこの地に詣《もう》でることになろうとは夢にも思っていなかった。頁岩層の壁に手の平を当ててみた。嘆きの壁に対峙したユダヤ教徒のように、なんとなく神聖な気持ちになる。いや、神聖という言葉はふさわしくない。むしろ荘厳なものに触れた気持ちとでもいおうか。

そのような気持ちになる理由は、その岩の由緒来歴の物語を知っているからにほかならない。そう、進化の物語を。

ダーウィンの夢

進化という物語を踏まえた生命観には荘厳さがあると初めて唱えたのが、かのダーウィンだった。歴史を変えた書『種の起源』の有名な末尾で、その高らかな宣言がなされている。

この生命観には荘厳さがある。生命は、もろもろの力と共に数種類あるいは一種類に吹き込まれたことに端を発し、重力の不変の法則にしたがって地球が循環する間に、じつに単純なものからきわめて美しくきわめてすばらしい生物種が際限なく発展し、なおも発展しつつあるのだ。

（『種の起源』より）

二〇〇九年は、ダーウィンが生まれて二〇〇年目という節目の年にあたっていた。しかも『種の起源』出版からちょうど一五〇年目でもある。おまけというべきかどうか、ウォルコットがバージェス頁岩層を発見したのは一九〇九年八月三〇日のことであり、これまた二〇〇九年がちょうど一〇〇年目だ。

ダーウィンの時代から進化の研究は格段に進歩した。しかし、ダーウィンが喝破《かっぱ》した進化の原理はいまだに生き続けている。ダーウィンの先見の明や恐るべしというべきだろう。

それと同時に、ダーウィンが夢にまで見た化石証拠や、遺伝の実相が次々と明らかにされてきた。バージェス動物をめぐる研究は、ウォルコットの時代から、いやグールドがかの書を執筆した時点からでさえ、大いなる進展を見せている。いちばんの進展は、分子生物学的な研究が参入し、ダーウィンの先見の明が今さらながらに立証されつつあることだろう。カンブリア紀の爆発をめぐって、さまざまな理論や実証的研究が発表された。

〈図６〉頁岩層を前に立つ著者

いちばんの衝撃は、その後の生命進化の大筋は、どうやら五億年前にすでに決まっていたらしいということが見えたことだ。どういうことかというと、現在の地球に生息する生物を構成する遺伝子は、われわれ人間のものも含め、五億年前にはすでにほぼ出そろっていたらしいのだ。その後に生じた変化は、手持ちの素材の使い回しにすぎなかったという言い方すらできる

（第5章参照）。

いやむろん、その後の進化の筋道のすべてが決められていたというわけではない。グールドが挑発したように、そのときどきで偶然が大鉈《おおなた》を振るうこともたびたびあった。進化は、偶然と必然によって織り成されてきた。

今から六五五〇万年前の白亜紀末に起こった恐竜その他を巻き込んだ大量絶滅は一つの例だ。その引き金を引いたのは、メキシコのユカタン半島付近に衝突した巨大な隕石だったはずである。そのとき、恐竜やアンモナイトが絶滅したのはほとんど偶然だったかもしれない。しかし、哺乳《ほにゅう》類や鳥類、ワニ、カメなどの爬虫類が生き残ったことに対する偶然と必然の貢献度は不明である。

われわれはどこから来たのか？　ここからどこへ行くのか？

生物進化の研究は、突き詰めれば、ヒトはなぜここにこうして存在しているのかという問いに行き当たる。「イヌも考えているのだろうか」と、進化論の構想を練っていた若き日のダーウィンは秘密のノートに書きつけた。人は何のために生まれてきたのだろう。犬や猫も生きているが、ヒトとイヌやネコとのちがいはどこにあり、ヒトは何のために生きて考えているのだろう。この地球は、人を生かすためだけに造られたとは到底思えない。

この問いは宇宙論にも通じる。宇宙は膨張を続けているという物語を聞かされたわれわれは、星空を見上げるたびに、壮大な宇宙の果てはどうなっているのかと考えずにはいられない。果ての果てはどうなっているのか、ビッグバンによって宇宙が始まる前はどうだったのか。その問いを突き詰めていくと、人間というちっぽけな存在理由が霞んでしまい、目が眩《くら》んでくらくらしてくるような思いにとらわれる。

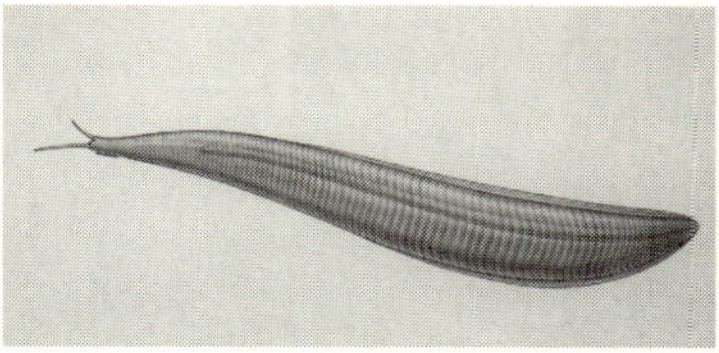
〈図7〉ヒトの祖先とおぼしきピカイア（復元図）
illustration：Richard Tibbitts & Evi Antoniou Tibbitts、生命の海科学館

バージェス頁岩層への聖地巡礼を終えたぼくは、新大陸オーストラリアへと旅立ち、そこで一年半を過ごした。オーストラリア先住民アボリジニは、創世神話を口伝《くでん》で受け継いできた。それは、どの民族の文字で記された神話よりもはるかに遠くまで時代を遡《さかのぼ》る物語である。彼らは古代の知恵を今に活かしつつ、厳しい環境の中で生を営んできた。

しかし、ヒトが誕生する前の歴史を口伝に期待することはできない。岩に聞いたり、遺伝子に聞くほかない。

バージェス頁岩からはヒトの祖先とおぼしき動物が見つかっ

ている。生きている化石ともいわれるナメクジウオに似たピカイア（図7）という生きものだ。そのピカイアが語るわれわれの運命について、グールドは『ワンダフル・ライフ』の末尾で次のように書いている。

読者は、人類はなぜ存在しているのかという年来の疑問を発したいかもしれない。ともかくも科学に扱える点からのみその疑問に答えるとしたら、答の核心は、ピカイアがバージェスの非運多数死を生き延びたからというところに落ち着くにちがいない。この答は、自然界の法則は一つも拠《よ》りどころとしていない。そこには、予測できる進化の経路に関する言及もなければ、解剖学や生態学の一般則に基づいた確率の計算もない。ピカイアが生き延びたことは、〝ほんとうの歴史〟の偶発事件だった。私は、これ以上に〝高度〟な答が与えられるとは思わないし、もっと魅惑的な解決が得られるとも思えない。われわれは歴史の産物であり、実現しえた世界としてはもっとも多様で興味をわかせる世界のなかで独自の道を切り開かねばならない。それは忍従《にんじゅう》の道ではなく、自分たち自身が選ぶやりかたで成功したり失敗したりする自由が最大限に保証された道である。

（『ワンダフル・ライフ』より）

そう、進化の物語からは、運命とあきらめるのではなく、自分の道は自分で切り開くべきだというメッセージが引き出せるのだ。自分たちの来歴を知ることは生きる力につながるはずなのである。

＊　＊　＊

ぼくの夢は、生物の進化を研究することだった。だが、進化生物学のすべての分野を一人で研究することなどできるはずもない。そして自分の資質はむしろ、微力ながらも物語を語るほうにこそあることに気づいて以来、進化の物語を語ること、紡ぐことがぼくの夢になった。これからしばらくのあいだ、その夢の実現におつきあい願うことになる。

進化の物語を紡ぎ始める出発点としてバージェスの聖地以上の場所はなかった。しかし、バージェス動物をめぐる物語をより詳細に語る前に、生命のそもそもの誕生について語らねばならない。

第1章 生命のゆりかご

——海底から熱水の噴き出す場所で

夜空に浮かぶ月には無数のクレーターがある

生命の起源

地球は四六億年前に誕生したといわれてもぴんと来る人は少ないだろう。人の一生はたかだか一〇〇年。見知っている身内にしてもせいぜい三代か四代くらい前までが限界である。それに対して地球の歴史、生命の歴史ということになるととにかくスケールが大きい。

地球が誕生したのは今から四六億年前。そして生命が誕生したのはおそらく三八～三六億年ほど前のことである。

それから紆余《うよ》曲折《きよくせつ》を経て、「カンブリア紀の爆発」で硬い殻をもつ多様な生物が突如爆発的に登場したのが五億四〇〇〇万年ほど前、陸上植物の出現は四億数千万年前のことだった。四つ足の脊椎《せきつい》動物が上陸したのは三億七〇〇〇万年前、恐竜と原始的な哺乳類の出現は二億三〇〇〇万年前。ところが六五五〇万年前には恐竜が忽然と姿を消した。

その後もいろいろあったが、最初の人類（猿人）が登場したのはおよそ七〇〇万年前、現在のヒトにあたるホモ・サピエンスの登場はたかだか二〇万年ほど前のことだ。

きわめて恣意《しい》的に関心の高い出来事を並べただけだが、生命に関する歴史の流れが一様でなかったことはおおよそわかっていただけると思う。要するに地球の歴史の中で生命、それ

地質年代表

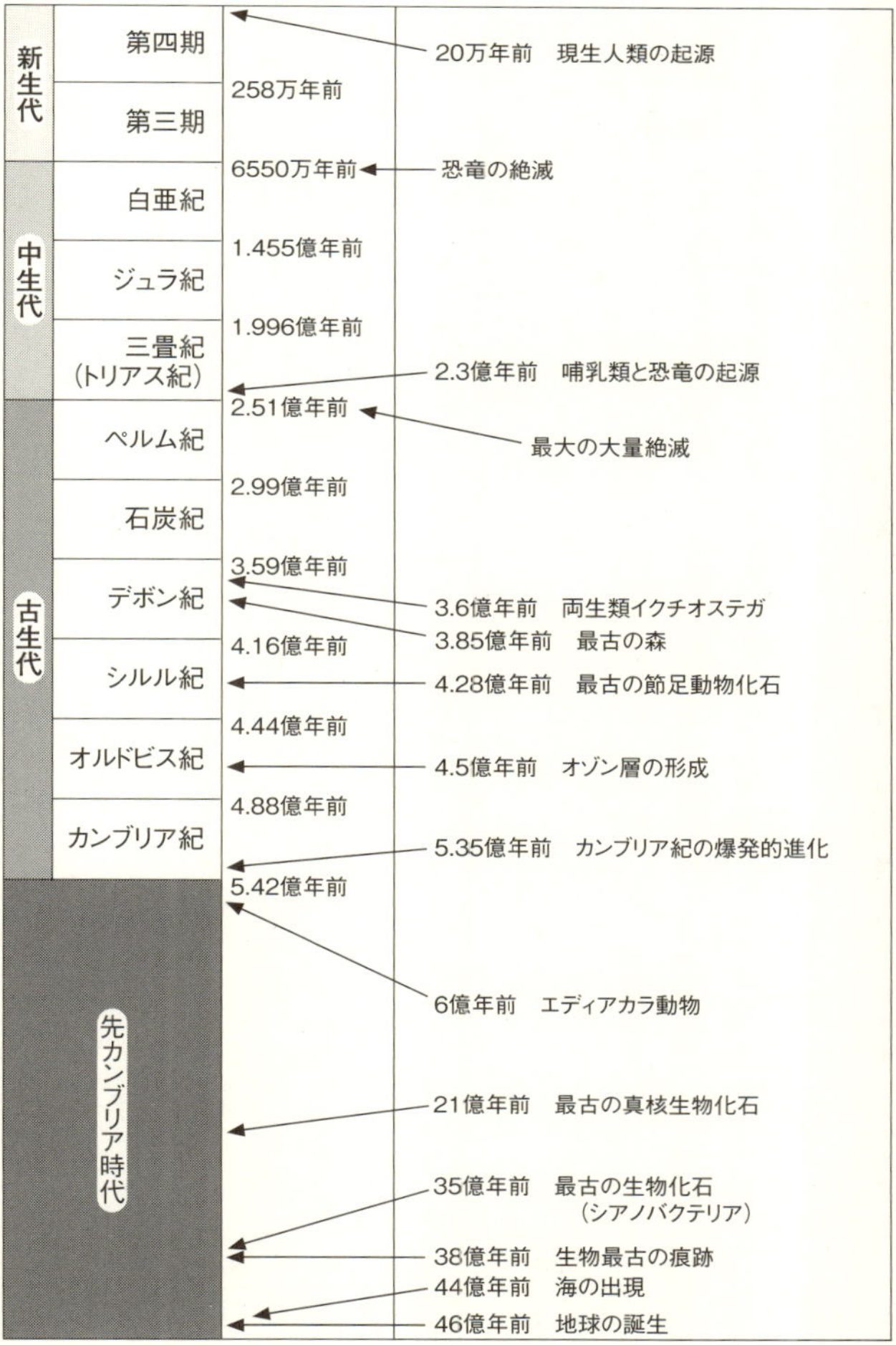
新生代
第四期
第三期
中生代
白亜紀
ジュラ紀
三畳紀
（トリアス紀）
古生代
ペルム紀
石炭紀
デボン紀
シルル紀
オルドビス紀
カンブリア紀
先カンブリア時代
258万年前
6550万年前
1.455億年前
1.996億年前
2.51億年前
2.99億年前
3.59億年前
4.16億年前
4.44億年前
4.88億年前
5.42億年前
20万年前　現生人類の起源
恐竜の絶滅
2.3億年前　哺乳類と恐竜の起源
最大の大量絶滅
3.6億年前　両生類イクチオステガ
3.85億年前　最古の森
4.28億年前　最古の節足動物化石
4.5億年前　オゾン層の形成
5.35億年前　カンブリア紀の爆発的進化
6億年前　エディアカラ動物
21億年前　最古の真核生物化石
35億年前　最古の生物化石
（シアノバクテリア）
38億年前　生物最古の痕跡
44億年前　海の出現
46億年前　地球の誕生

も人間に関係する大きな出来事が起こったのはすべてつい最近のことなのだ。

始まりはすかすかだった

このあたりをもっと切実に実感するために使われる比喩が地球カレンダーである。地球カレンダーとは、四六億年前の誕生から現在に至る地球の歴史を一年の暦に喩《たと》えるというものだ。この暦では、一億年がおよそ八日、一日が一二六〇万年に相当する。あるいは三八億年ほど前の生命の誕生を元日の午前零時に設定し、現在までを一年とすれば生命カレンダーとなる。こちらの暦だと、一億年は九日と一四時間くらい、一日が一〇四一万年の換算である。

生命の歴史上の重大な出来事を順番に日付にあてていくのだが、われわれホモ・サピエンスの出番は、この生命カレンダーでは大晦日の午後一一時半頃、すなわち紅白歌合戦のフィナーレか、行く年来る年の冒頭あたりになってしまう。

このカレンダー作りを学校の教室でやるとけっこう盛り上がると聞く。模造紙を長く切ってつなげてもいいし、長いひもに印をつけていってもいい。主な出来事の日付を生徒一人ずつが担当して教室の中をぐるりと囲むように立ってみよう。末端に近づくほど混み合ってきて最後はぎゅう詰め状態になってしまうはずで、教室には楽しげな嬌声《きょうせい》が響くことだろう。この体験により、地球の長い歴史の中で人類がいかにちっぽけな存在かが大いに実感できる。

それにしてもなぜ生命史の初めの頃はすかすかなのだろうか。

むろん、時代を遡《さかのぼ》るほどわかっていないことが多くなるということはある。古くなるほど化石の保存状態は悪くなり、見つかる可能性も少なくなる。だが、単にそれだけではないという気もする。生命体がそのシステムを複雑化させるにあたっては、初期の助走にとんでもない時間が必要だったのかもしれない。そしてその助走は、決して生命体の一人芝居だったわけではなく、地球というゆりかごとの二人三脚だったはずである。

月が語る地球の年齢

では、そもそも地球はいかにして生まれたのか。諸説あるなかでいちばん有力な説について、ぼくはかつて次のように要約した。

太陽を中心に公転していたたくさんの微小な天体が衝突合体を繰り返し、高熱のマグマからなるどろどろの塊がしだいに冷えて成層化し、それと同時に大気も形成されることで、地球は現在のそれに近い姿をとるようになった。

（『事典　哲学の木』の「進化」の項より）

事典の項目ではあるにしても、われながらあまりにもそっけない記述だ。しかしこれもまたわれわれの想像力を超えた話である。第一に、地球は最初から大きな塊ではなかったというのが驚きである。

小天体の融合によって成長した地球には、さらに大きな隕石《いんせき》が、文字通り雨あられのごとく降り注ぎ、衝突時に発生した熱で地球はそのたびに熱せられた。小さな隕石は、現在ならば大気がバリアとなって焼き尽くしてくれるが、その頃の地球に大気はなかったと思われるからだ。現に、大気をもたない月の表面は小隕石衝突によるクレーターだらけである。

月は地球規模の惑星にしては分不相応に大きな衛星である。月の起源については諸説あるが、巨大な隕石が衝突した衝撃で地球の一部がちぎれて飛び出し、それが衛星になったという説が有力である。

地球の年齢は直接的には測定できない。それは、誕生時に形成された岩石がその後再び溶融したり浸食されたりしたため、地球上には残っていないからである。対して、地球から放出された月はただちに冷却された。体積が小さいからだ。しかも月程度の大きさでは重力が弱いため、地中から出た水分や気体をその表面に留めておくことはできなかった。しかもその後、地殻変動も風雨による浸食作用もなかったため、誕生時に形成された岩石がそのまま保存されることになった。アメリカの月着陸船によって持ち帰られた月の石の年代測定によれば、月の年齢はおよそ四六億年で、月と地球の起源が同じだとすると、地球の年齢も四六億年ということになる。

丸裸のまま放出された月にひきかえ、地球はほどよい大きさで存在するため、海や川として水をたたえ、大気を擁することができた。

太陽系の中の位置もちょうどいい。太陽から地球までの距離は一億五〇〇〇万キロメートルと、これもまた想像力の及ばないスケールだが、太陽熱を恵みとして受け取るには絶妙の距離なのだ。太陽から一億キロメートルの距離にある金星は太陽に近すぎるせいで灼熱地獄状態にあり、水分はすべて蒸発してしまう。一方、太陽から二億三〇〇〇万キロメートルの距離にある火星は寒すぎてすべてが凍りついている。

ここでクイズ。地球上のあらゆる生命にとって必要なものは、①酸素、②太陽光、③水、のうちのどれでしょう。

いずれも地球が絶妙な規模と位置にあるおかげで享受しているものだが、答は③の「水」である。①も②も重要な要素ではあるが、後ほど述べるように、そもそも原始生命はそれらを必要とはしていなかったし、現在でも必要としない生命体が存在している。それにひきかえ、水はあらゆる生命体の基盤をなしている。むろんこれは、水の惑星とも呼ばれる地球で誕生した生命なればこその話ではある。

放射性元素による年代測定法

話は戻るが、「高熱のマグマからなるどろどろの塊がしだいに冷えて成層化」した地球は、いまもなおその体内で熱いマグマをたぎらせている。そのせいで、かのダーウィンは当時の物理学の大御所からの手痛い攻撃にさらされた。

そもそも当時は、地球の年齢を正確に算出する方法がなかった。聖書年代記から弾き出された数字は、たかだか六〇〇〇年程度というものだった。しかし地層の累積などを見れば、とてもそんな数字では間に合わない。ダーウィンも、自然は時間をたっぷりと使うことで生物を進化させたと主張していた。

月の石の正確な年代測定を可能にしたのは、放射性元素という物質の存在である。ところがダーウィンの時代にはまだ、そもそも放射性元素なるものの存在すら知られていなかったのだ。

当時、イギリス物理学界の大御所だったウィリアム・トムソン（後のケルヴィン卿）は、誕生した当初の地球は熱い球体だったが、その後自然に冷えて現在の状態になったと前提し、それに要する時間を熱力学の計算式に則って弾き出した。その結果は、地球の年齢は一〜二億年程度というものだった。

それを伝え聞いたダーウィンは、一八五八年に自然淘汰説を同時に発表した盟友アルフレッド・ウォレスに宛てた一八六九年の手紙で、「地球の年齢に関するトムソンの見解」が悩ましいと告白している。その程度の年齢しかないとしたら、ダーウィンとウォレスの自然淘汰説による進化の説明が成り立たなくなってしまうからだ。

トムソンの見解は、あくまでも当時の物理学の知見と単純な前提に基づくダーウィンへの反論だった。しかし後に放射性元素が発見され、トムソンの計算は修正を余儀なくされた。放射性崩壊を発見した物理学者アーネスト・ラザフォードが、奇しくもケルヴィン卿（当時八〇歳）も参加していた一九〇四年の講演会で、地球内部の熱は今も続く放射性元素の崩壊によるものであり、それを考慮すれば地球の年齢は単純計算よりもはるかに長くなると述べたのである。
ともかくも表層が冷えて固まり、水と大気をたたえたところで、地球は生命のゆりかごとなる条件を整えた。それがおよそ四〇億年前のことであり、地球誕生から六億年が経過していた。

生命を誕生させた、たった一回の奇跡

ダーウィンは『種の起源』の最後で、生命は一個ないし少数のものに吹き込まれたという見解を披露している。そして親しい友人に宛てた一八七一年の手紙では、生命の起源について次のように書いている。

最初に生物を生み出した条件は、これまで存在しえた状態でいまもそっくり存在しているということがよくいわれます。しかしもし仮に（おお、これはものすごい仮定だ）、アンモニアに硫化物に光、熱、電気などすべてがそろった小さな温かい池があったとしたら、タンパク質が化学的にすぐに生成されてさらに複雑な変化をすることでしょう。しかし生物がまだいなかった昔ならばそんなことはなかったのでしょうが、いまならば、その

ような物質はただちに食べられてしまうことでしょう。

これはものすごい慧眼《けいがん》である。しかし、ぬるま湯の中で千載一遇《せんざいいちぐう》の創発がなされるほど現実は甘くなかったようだ。いや、千載すなわち千年に一回の出来事どころではない。現在にまで続く生命のそもそもの誕生は、地球四六億年の歴史の中でたった一回しか起こらなかった奇跡なのだ。

生物は自然に発生すると、かつては考えられていた。いまでもわれわれは「ハエがわく」という表現を何気なく使っている。しかし、生物は生物から発生するというのが近代生物学の金科玉条《きんかぎょくじょう》である。

生物が生物を発生させる。そのような自己複製によって生まれる子は親に似ている。これを遺伝という。ところが、自分に似た子を生む自己複製が続く限り、一個ないし少数のものから出発した生命がこれほど多様な世界を実現できたはずがない。

そこに生命が備えている微妙な塩梅《あんばい》、さじ加減があるのだが――、いや、いささか先を急ぎすぎたようだ。まずはたった一回の奇跡について語らねばならない。

説その①　雷による放電説

その奇跡がいかにして起こったかについては諸説がある。そもそも何をもってして生命の誕生とすべきなのか。

ここでは細胞という形式を備え、自分のコピーをつくる、すなわち自己複製するものを生物と呼ぼう。現存する生物はみな、種類のいかんを問わず、同じ物質を遺伝情報として共有している。ＤＮＡ（デオキシリボ核酸）である。ＤＮＡはヌクレオチドと呼ばれる物質が鎖状に連結した物質で、きわめて精密な自己複製の仕組みを備えているため、自分と同じコピーをつくることができる。しかしそれは、あくまでも鋳型《いがた》となるＤＮＡがあらかじめ存在していればの話である。つまりＤＮＡが自然に生じたことで初めて、生命誕生の道が開かれたことになる。

炭素原子を含む化合物は有機物と呼ばれ、タンパク質など、生物を形づくる主要な素材である。それに対して炭素原子を含まない無機的な化合物は無機物と呼ばれる。ＤＮＡは複雑な構造をした「有機物」であるが、これが原始地球に最初から存在したとは考えにくい。つまり、ＤＮＡが生じるためには、まず無機物や単純な有機物から複雑な有機物が自然に生成される必要があったはずなのである。

学校で習う生物学のどの教科書にも登場するのが、ミラーの実験である。これは、原始地球の大気を構成していた気体の分子から、雷の放電によって有機物が生成されたとする仮説を証明しようとした実験である。

一九五三年、シカゴ大学の大学院生だったミラーは、原始大気はメタンガスとアンモニアガス、水蒸気、水素で構成されていたと想定した。そしてそれを入れたフラスコ中で放電したところ、生命の素となる有機物が生成されることを確認した。

ところが、原始大気に関するミラーの想定は間違っていた。原始大気の大半は二酸化炭素で、あとは一酸化炭素、窒素、水蒸気といった構成だったらしいのだ。ただしこの構成でも、有機物ができないわけではないことが後に証明された。

ここで、原始地球の大気の組成をもう一度よく見てほしい。現在の大気は、窒素と酸素と二酸化炭素と水蒸気が大半である。そうなのだ、原始大気中には酸素がほとんど存在していなかったのである。つまり最初の生命は、大気中に酸素のない地球に生じたことになる。

説その②　宇宙からの飛来説

原始大気中での放電現象のほかにもう一つ人気のあった生命起源説が、宇宙からの飛来説である。隕石や彗星に有機物が乗って宇宙から飛来し、それを元にＤＮＡが生成されたのではないかという説である。

一九六九年にオーストラリアのマーチソンという町に、およそ一〇〇キログラムの隕石が落下した。後にその隕石の成分分析をし直したＮＡＳＡの研究チームが、二〇〇一年に驚きの発表をした。なんとその隕石は重量の二パーセントの割合で有機物を含んでいたのである。しかもそれは、ヌクレオチド（これぞＤＮＡの構成要素！）やタンパク質、細胞膜の成分となりうる有機化合物で、十分に生命体の素材になりうるものだった。

この発見により、生命の元となった有機物は宇宙から飛来したという説の重みがぐっと増した。では、それらの有機物はそもそも宇宙のどこから来たのか。

じつは、宇宙空間には有機物質でできた「雲」が存在していることもわかっているが、そもそもそれらがどうやってできたのかは説明されていない。ただ、宇宙に存在する物質は、すべて百三十数億年前に起きたとされるビッグバンで出現したものである。われわれ地球上の生命体も、もとをただせば宇宙から来たものなのだ。広大無辺な宇宙空間では「奇跡」が何度か起こったとしても不思議ではない。

〈図8〉海底の熱水噴出孔。噴出するブラックスモーカーの温度は300℃以上に及ぶ
© SPL/PPS 通信社

説その③　熱水噴出孔説

こうした説に加えて近年有力視されているのが、海底の熱水噴出孔《ねつすいふんしゅっこう》、それも硫化物を大量に含むせいでまるで黒煙のように見える熱水を噴き出している、ブラックスモーカーと呼ばれる噴出孔での有機物生成説である。

海底に煙突状の構造物がそそり立ち、三〇〇度以上の熱水が噴き出す孔の周辺に白いカニや貝、チューブワームなどが群れている光景はきわめて異様である（図8）。それらが初めて発見されたとき、まさかそこが生命を誕生させた可能性のある場所だとは誰も思わなかった。しかし、どこかしら原始的な様相をたたえた生命体を育んでいることだけは確かだった。

海底熱水噴出孔は、地殻を構成するプレートの割れ目から入り込んだ海水がマグマの熱で熱せられて噴き出している場所である。これもまた母なる地球の恵みといえる。そこから噴出する熱水には、硫化物のほかさまざまな無機物が含まれている。その硫化物を栄養にして有機物を排泄しているのが、細菌や古細菌と呼ばれるグループである。そしてそうした微生物やその排泄物を食べるためにチューブワームやエビ、カニ、貝などが群れ集まっている。

一般に地球の生態系の食物連鎖を支えているのは、太陽光と二酸化炭素から有機物を生成する（光合成をする）植物プランクトンや藻《そう》類、植物である。しかし熱水噴出孔で成立している生物群集の基盤を支えている細菌や古細菌は光合成をしていない。そもそも光が届かない海底では、太陽光の恵みを受けた食物連鎖は成立しようがないのだ。

ともかくも、そんな生物群集などまだ存在するはずもなかった四〇億年近く前、海底から熱水が噴出する孔の周辺で奇跡が起こった可能性が高い。

大気中で生成されて海水中に溶け込んだ、構造の単純な有機物に加え、海底から噴き出す硫化水素、メタン、水素などといった豊富な原材料が高い水圧の下で化学反応を起こすことで、ＤＮＡの元であるヌクレオチドなどが生成されたのかもしれない。

超高圧超高温下では特殊な触媒などが介在しなくてもアミノ酸どうしの結合が起こるという実験もすでに報告されている。ばらばらのヌクレオチドは、熱水噴出孔周辺の泥のマットの上で整列して連結されたのかもしれない。それが実現したとすればＲＮＡ（リボ核酸）の自然生成が説明できる。これで大きな山は越えられた。ＲＮＡにはタンパク質を生成する能力があるほか、自分を複製して増殖する自己複製能力まであるからだ。

ただしＲＮＡは、ヌクレオチドが一本の鎖状につながった物質であり、いささか安定性に欠けるところがある。それに比べるとＤＮＡはヌクレオチドが二本の鎖状にがっちりとつながっているため安定性がある。そのため、最初はＲＮＡとして登場した自己複製子は、ＲＮＡを鋳型にして生成されたＤＮＡにその立場を取って替わられたのだろう。ただしＲＮＡは、生物の自己複製において今でも重要な役割を演じている。

そうしてＤＮＡが発生し、それが膜で包まれて原始的な細胞が誕生した時点で、原始生命体は産声《うぶごえ》を上げた。

長い多様化の道へ

先に述べたように、ＤＮＡは自分を鋳型にして忠実に自己複製をする仕組みを備えている。

ならば、最初に誕生した原始的な生命体は、そのまま永遠に忠実なコピーのみを繰り返して数を殖やすだけでよかったはずである。なのになぜ、生物は多様化の道を歩み始めたのだろうか。

地球上のすべての生物は、遺伝情報であるDNAをコピーして受け渡すことで増殖している。しかし、どんなに正確な仕組みを備えているにせよ、コピーの過程でたまたま些細な誤りが生じることは避けられない。むろん、コピーミスである誤植を正す校正機構も備えてはいるが、それが生存にとって有害ではない誤植ならば、刷り直しや破棄されることなくそのままでのコピーが続けられる。

つまり、誤植を抱えた生産ラインと、従来のオリジナルの生産ラインが並列で走り出すわけである。このような生産ラインの多様化により、生物は多様化を遂げてきたと考えられる。

＊　＊　＊

生命のゆりかごとも水の惑星とも奇跡の星とも呼ばれる地球が誕生してからおよそ十億年あまりにして、生命の種子が芽を出した。その場所はダーウィンのいう温かくて小さな水たまりではなかったかもしれないが、宇宙と地球のマグマとの共同作業により、ともかくも賽《さい》は投げられた。そして、皮肉なことに忠実なコピー機能を逆手に取った仕組みにより、生命体は多様化の道を歩み始めた。

その時点の地球には、大気中にも海水中にも酸素ガスはほとんど溶け込んでいなかった。海水中でコピー作業に励んでいた生物は、酸素を必要としないいし生産もしないタイプのものばかりだった。そうした生物の末裔《まつえい》が、今も海底熱水噴出孔に生息する細菌類であり、メタンガスの発生するドブや沼に生息する細菌類である。

そうした顔ぶれと現在の生息環境を考えると、どうやら当時の地球は、足を踏み入れたくなるような場所ではなかったようだ。

第2章 交わるはずのない枝

——原始生命体の進化

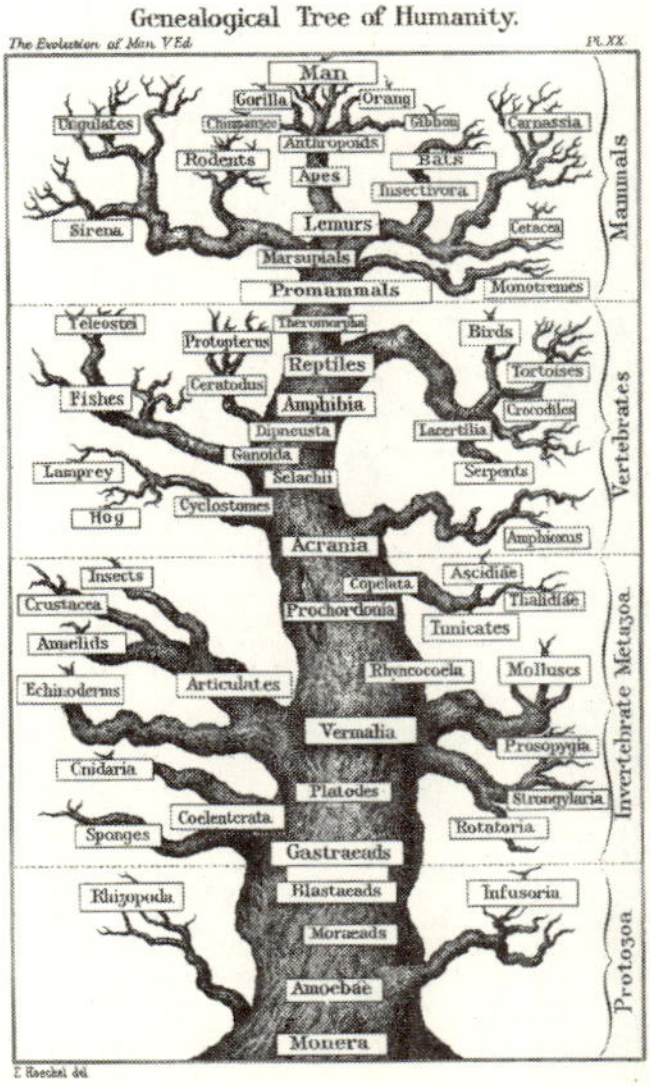

19世紀ドイツの動物学者ヘッケルが描いた、生物が「下等なものから高等なものへ」直線的に進化したとする系統樹。進化は「枝分かれのくり返し」というダーウィンの考えとは異なった形

生命種の枝分かれ

大樹や古木を前にしたときの感慨には一種独特なものがある。幹の太さ、堂々とした枝振り、ごつごつした樹皮などが畏敬の念を呼び起こすのだろうか。あるいは樹齢の重みに圧倒されるのだろうか。

樹木を宇宙や生命のシンボルと見なす文化は古今東西に広く存在する。大地に根を張り葉を茂らせ、種類によっては恵みの果実をもたらす樹木は豊饒《ほうじょう》の象徴ともされてきた。日本でも各地にいわゆる神木とされている樹木が多い。

あるいは、系図を樹木になぞらえる伝統も古くからあった。樹形図の形を借りることで、太祖に始まる自分たちの来歴に神秘的な趣を授けることができる。家系を生物の系統に置き換えれば、樹形図はそのまま生物種の由来を物語る格好の隠喩《いんゆ》となる。しかも、古来から尊ばれてきた「生命の樹」の御利益《ごりやく》にも与《あずか》れるかもしれない。

ダーウィンは、五年間に及んだビーグル号の航海でさまざまな体験をした。なかでもいちばん鮮烈だったのは、初めて足を踏み入れたブラジルの熱帯林だった。

一八三二年二月二九日付けの日記や故国の知人家族に送った手紙には「優美な草、目新しい寄生植物、美しい花、深い緑の植生」を目の当《ま》たりにして無我夢中になり、「樹木の陰に蔓延《まんえん》する音と沈黙というきわめて逆説的な混合物」をバックグラウンドミュージックとして「陶酔に次ぐ陶酔」を味わったとある。

これほどの生物の多様性は、いったいどうやって実現したのか。

多様性では熱帯林に劣る南米大陸南端のパタゴニアの草原でも、ダーウィンに同じような疑問がわいた。アルゼンチンのネグロ川をはさんで、北側には大型のレア、南側には小型のレアが生息している（図9）。環境はそれほど違わないのに、神はなぜ、わざわざ二種類のレアを創造したのか。そういえば、アフリカにはダチョウがいる。そのダチョウとよく似たレアを南アメリカのために個別に創造する必要があったのか。

〈図9〉ダーウィンが発見した小型のダーウィンレア。『ビーグル号の動物学』に掲載された図版より

ダーウィンは、生物は神によって個別に創造されたとする創造論にしだいに疑問を抱くようになっていった。そして、航海も終わりに近づく頃、その疑問は確信に変わった。

そうだ、生物は枝分かれを繰り返すことで多様性を増してきたのだ。一八三六年一〇月に航海から帰還したダーウィンは、翌年の七月から

「種の転成」に関するノートを秘密裏につけ始めた。「転成」とは、今でいう「進化」のことである。そしてそのノートに、「こうだと思う（I think）」という文字の下に粗雑な分岐図を描いた（図10）。

それは、共通の祖先①から枝分かれすることで、現生するA、B、C、Dの各種が進化してきたという図式であり、なかには途中で潰《つい》えた（絶滅した）枝も描かれている。その図からは、いくつかの進化の原理も見てとれる。

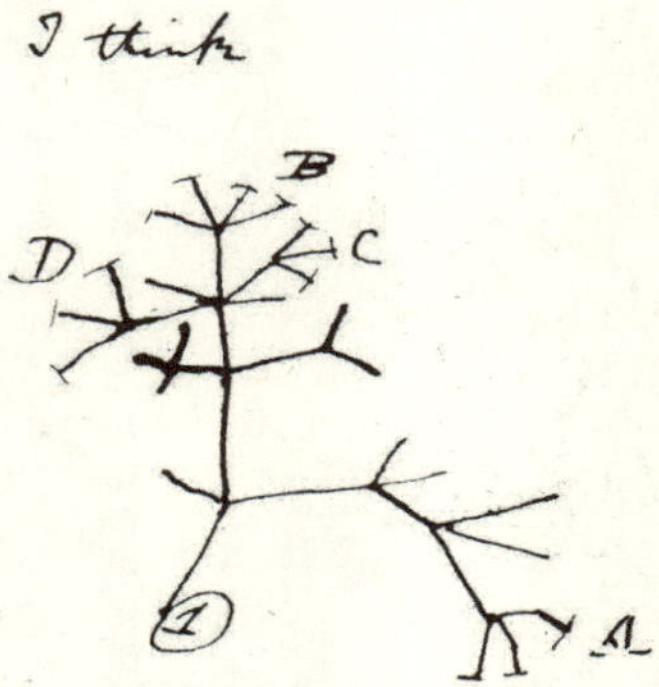

〈図10〉ダーウィンが秘密のノートに描いた系統樹（分岐図）

まず、一度失われた種は、二度と復活することはない。進化は多分に偶然性が作用する過程であり、すべてが歴史上ただ一回ずつしか起こらなかったことの積み重ねだからである。

あるいは、一度分かれた枝が再び交わることはない。分かれた枝が平行に進化（平行進化）したり、収束し合ったり（収斂《しゅうれん》進化）することはある。しかし、再び合体することは決してないはずだった。

しかし、さすがのダーウィンも予測しえなかったことが、現実の進化では起こっていた。生物進化の初期においては、分かれた枝が合体するということが起こっていたのだ。いや、その前にまだ語っていない歴史があった。そもそも最初に登場した生物はどのようなものだったのか。

酸素を必要としなかった原始的な生命

これまでに見つかっている最古の生物化石とおぼしきものは三五億年前のもので、現在のシアノバクテリア（藍藻《らんそう》類）と呼ばれる細菌に似ている。

ただしその痕跡については、生物化石ではなく、鉱物作用によって形成された結晶構造だとする異論もある。しかし、化石としてではないが、原始的な細菌がその頃には存在していたことを示す化学的な痕跡がみつかっている。さらにこの頃、すでに光合成をする細菌がいた可能性もある。

光合成とは、太陽のエネルギーを利用して二酸化炭素と水から有機物と酸素を生成する過程である。現在も、緑色の葉をもつ植物はみな、この過程によって酸素を放出している。しかし、なかには酸素を発生しない光合成を行なうものがおり、当初はそのような細菌が多数を占めていたと考えられる。なぜならば、三五億年前の大気中の酸素の割合はせいぜい一パーセント程度（現在のそれは二一パーセント）で、海水中にも酸素はほとんど存在していなかったからだ。

生物の痕跡を示すそれ以後の有力な証拠は、時代を下って、二七億年前の頁岩《けつがん》から特徴的な化合物の痕跡が見つかるまで、ずっと欠落している。この化合物はシアノバクテリアが生成したものだが、シアノバクテリアが確実に存在したという物理的な証拠が見つかるのは、それからもうちょっと後のことだ。シアノバクテリアが形成するストロマトライトという特徴的な構造物の化石が、二十数億年前頃からたくさん見つかるようになる。

シアノバクテリアは、岩などの表面にマット状のコロニーを形成し、光合成によって酸素を発生する。表面が泥などで覆われると、夜間にその泥を固めて、翌朝さらにその泥の上方に顔を出して成長することで、漆喰を重ね塗りするように泥の層を積み重ねていく。それが化石化すると、断面が層状を呈する独特の構造物ストロマトライトになるのだ（図11）。

それにしてもこの時期にシアノバクテリアが増えたのはなぜだろうか。

鍵を握っていたのはいずれにしろ太陽だろう。太陽は恵みの元であると同時に、生物にとっては有害な紫外線を地上に照射する諸刃《もろは》の剣である。現在の地球は、大気上層を覆うオゾ

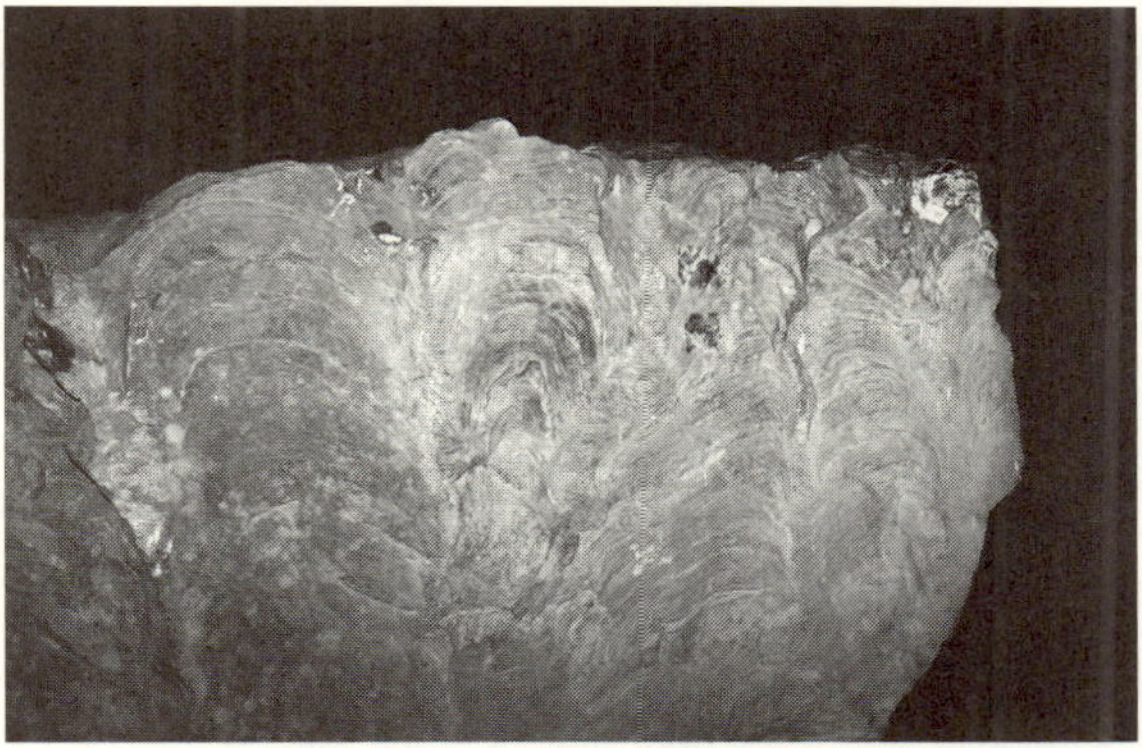
〈図11〉ストロマトライトの化石（神奈川県立生命の星・地球博物館の展示より）

ン層によって有害な紫外線の多くが遮断されているが、シアノバクテリアが登場した頃の初期の地球にオゾン層はなかった。
　ただし紫外線を遮断するのはオゾン層だけではない。ある時期から、有機物を分解してメタンを放出するメタン古細菌によって生成されたメタンが大気中に放出され、生物にとって有害な紫外線をある程度遮断してくれるようになった。それと同時に、地球深部の核が胎動を開始し、強い地磁気が出現したことで、宇宙から降り注ぐ紫外線や放射線を遮断するバリアも形成された。また、水中でも、紫外線はある程度遮断される。
　こうした条件が整ったおかげで、光が差し込む浅海でのシアノバクテリアの生息が可能となったのかもしれない。また、その時期、地球の各地で大陸棚が形成され、シアノバクテリアの生息に適した浅海が増えた。ストロマトライトの化石は、当時の地層を残す世界のさまざまな場所から見つかる。

一方、現在の地球上でストロマトライトが形成されている場所はきわめて限定されている。いちばん有名なのは、西オーストラリア州のハメリンプールと呼ばれる入り江である。そこは日差しが強烈で、おまけに入り江の口が狭く水深も浅いため、塩分濃度が高く、シアノバクテリアのコロニーを捕食する貝などの動物が生息していない。そのおかげでシアノバクテリアは太古の夢をいまだに育んでいられるのだ。

つい最近、南アメリカ高地の塩水湖でもストロマトライトを形成しているシアノバクテリアのコロニーが発見された。そこもまた、シアノバクテリアを食べる動物が生息できないほどの厳しい環境である。

酸素とオゾン層の誕生

シアノバクテリアのような酸素を放出する光合成細菌が大量に登場したことで、海水中に大量の酸素が放出され始めた。それによって、酸素を呼吸に使い、生命を維持するためのエネルギーに変える好気性細菌が出現した。この代謝方式は、酸素を利用しない嫌気性の代謝よりもはるかにエネルギー効率がいい。

　そこで一気に活気づいたのが、鉄細菌と呼ばれる細菌だったと思われる。鉄細菌は酸素を用いて鉄を酸化することでエネルギーを得ている。その酸素を提供してくれたのが、シアノバクテリアだった。当時の海水中には鉄が大量に溶け込んでいたのだが、鉄細菌の活躍で急速に酸化されて海底に沈澱《ちんでん》し、その結果、海底には大量の二酸化鉄が堆積することになった。現在世界の各地で採掘されている鉄鉱石の大半は、そのときの産物であると考えられている。

　水中に溶けていた鉄は、もともとは海底に噴き出すマグマなどから放出されたものである。しかし地球が冷えたことで、その放出もすでに終わっていた。つまり、鉄細菌が利用できる鉄の量には限度があった。鉄細菌による大量の鉄の酸化は、今から一八億年ほど前にほぼ終了する。

　だが、シアノバクテリアによる酸素の放出は続いていた。鉄細菌の活動が弱まったことで余った酸素は、やがて大気中へも放出されるようになった。今から二四億〜二二億年ほど前のことだった——と、これまでは考えられていた。ところが二〇〇八年に、日本の研究チームが貴重な新発見をした。

　西オーストラリアのピルバラで、大気中の酸素を含んだ地下水が地中に浸透したことでできたと思われる黄鉄鉱の鉱脈を見つけたのだ。しかもそれは二七億六〇〇〇万年前に形成された鉱脈であることから、大気中の酸素濃度が高くなったのは、これまで考えられていた一八億年前ではなく、少なくとも二七億数千万年前である可能性が浮上した。

大気中に放出された酸素は、大気上層にオゾン層を形成するという新たな恵みをもたらした。オゾンは三個の酸素原子が結合したもので、酸素分子（酸素原子二個が結合）に太陽の紫外線が作用することで形成される。このオゾン層には、生物に突然変異を誘発する強い紫外線を遮断する作用があった。

前述したように、水には紫外線を吸収する作用があるため、オゾン層がなくても水中の生物にはさほど差し障りはなかった。しかし、紫外線がもろに降り注ぐ陸上は、たいていの生物にとっては生存不能な場所だった。このオゾン層の形成が、やがて生物の陸上進出の可能性を開くことになる。

交差する進化の枝

この時代までの地球は、もっぱら細菌類の世界だった。細菌類（バクテリアと古細菌）は原核生物と呼ばれるグループで、その細胞は細胞膜と細胞壁をもつだけで、あとはこれといった構造はない。ただしこの原核生物という大グループは、肉眼では見えないものの、現在も種類数と量において地球上を席捲《せっけん》している。

遺伝情報を司るＤＮＡの組成もきわめてシンプルなのに、なぜ三〇億年以上も覇権を握ってきたのだろうか。たしかに初期の嫌気性細菌から好気性細菌への政権交代はあったが、それでもきわめて原始的な嫌気性細菌もまだ生き残っている。

それはもしかしたら、遺伝情報（ゲノムという言い方もできる）が単純な故に、逆に変わりにくいのかもしれない。

細菌は基本的に細胞分裂で増殖する。したがって、突然変異が起こらないかぎり、増殖による遺伝的な変更は生じない。同じ種類の細菌が、いうなればあちこちで勝手に殖えているのだ。

これら細菌は遺伝情報を最小限に切り詰めているため、それ以下には変わりようがないという面がある。突然変異などで遺伝情報を増やしたものはどんどん変わっていったが、最小限のままでよいものはそのまま存続した。あるいは最小限の組み合わせで種類を増やせるところまで増やしてきた。そうやってこの世のあらゆる隙間を埋めてきたのかもしれない。

ただし、細菌にはすごい特技がある。基本的には細胞分裂で殖えるのだが、ときには同じ種類どうしでDNAを交換したり、系統の異なる細菌のDNAを取り込むことで遺伝的な変身を遂げることもある（ただし細菌では「種」の境界があいまいなため、化学的な性質などによって系統分けされている）。つまり、ダーウィンの系統樹の枝が勝手に交流してしまうのだ。細菌類は、融通無碍《ゆうずうむげ》に変化するものがいる一方で、独自の個性を一貫して保持する頑固者もいる。そういうやり方で、この世のあらゆる隙間を席捲してきたのだろう。

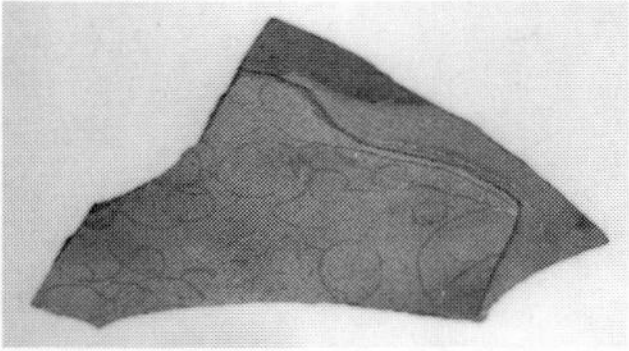
〈図12〉世界最古の真核細胞のひとつとされるグリパニア。曲線模様が化石部分。アメリカ・ミシガン州より出土（写真提供：蒲郡・生命の海科学館）

さらに、細菌類の融通無碍さは驚きの進化をもたらした。DNAだけでなく、細菌の本体どうし合体したものが登場したのだ。

生物界はきわめて多様であり、単純な仕分けは容易ではない。いつもどこかに例外が潜んでいるからだ。それでも二分法という大鉈《おおなた》を振るうとしたら、原核生物と真核生物に大別できる。原核生物はバクテリアと古細菌を含む細菌類、真核生物はわれわれを含むその他すべてである。真核生物は細胞核、ミトコンドリア、葉緑体、ゴルジ体などといった細胞小器官を細胞質内に抱えている。真核細胞は、そうした小さな製造ユニットが集合した工場のようなものなのだ。

これまでに確認されている最古の真核生物化石は、二一億年前の藻類化石とされている（図12）。そうだとしたら、一〇億年以上にわたって原核生物だけの天下が続いた後、満を持して真核生物が登場したことになる。

さてそれでは、真核生物はいかにして登場したのか。

骨格の中の共生

植物や藻類などの真核生物では、細胞小器官である葉緑体が光合成を担当している。その葉緑体について、原始的な光合成細菌である、前述したシアノバクテリアのある種のものによく似ているとの指摘が、一九〇〇年代の初めになされた。そして、かつては自由生活をしながら光合成をしていたシアノバクテリアが細胞に取り込まれることで葉緑体になったとの説が提案された。つまり藻類や植物の細胞内には、かつての原核生物が共生しているというのだ。

まさかと思うかもしれない。しかしそうした共生はまったく知られていなかったわけではない。美しいサンゴ礁を形成するサンゴは、クラゲやイソギンチャクと同じ腔腸《こうちょう》動物である。あの石灰質の硬い骨格の中には、イソギンチャクにも似たポリプが生息しており、しかもその多くは体内に褐虫藻《かっちゅうそう》という藻類の一種を共生させているのだ。

サンゴのポリプは、イソギンチャクのようにその触手でプランクトンを捕らえて食べるが、褐虫藻が光合成によって生成した有機物も重要な栄養源にしている。褐虫藻は、水深が深くて光の届かない場所では光合成ができないため、サンゴも海岸周辺の浅海でしか生育できない。海岸が沈降すると、サンゴは上方に骨格を成長させ、日差しが降り注ぐ水面を目指す。サンゴと褐虫藻は持ちつ持たれつの関係を結んでいるのだ。

大洋の真ん中に唐突に顔を覗かせている環礁《かんしょう》は、もともとは中央に存在した火山島が沈下し、その周囲を取り囲んでいたサンゴ礁だけが取り残されたものである。ちなみに、このような環礁形成の仕組みを見抜いたのは、ビーグル号で南太平洋を航海した若きダーウィンだった。

それはさておき、葉緑体の場合は、褐虫藻とはちがい、細胞内で完全な器官の一つと化しているように見える。葉緑体細胞内共生説は、裏付けとなる有力な証拠のないまま、いったんは否定された。それを一九七〇年代初めに復活させたのがボストン大学のリン・マーギュリス教授だった。

細胞のなかの生命体？

マーギュリスは、真核生物はそれぞれ自由生活をしていた原核生物どうしが合体することで誕生したと主張した。光合成器官である葉緑体はシアノバクテリア、呼吸器官であるミトコンドリアは好気性細菌が、他の原核生物（あるいは原始的な真核生物）の体内に取り込まれたものだというのだ。

この説も、当初は相手にされなかった。しかしその後徐々に、細胞内共生説を裏付ける証拠が出てきた。そもそもミトコンドリアにしても葉緑体にしても、細胞核中のＤＮＡとは別のＤＮＡをもっていて、分裂増殖に際してはそれを個別に受け渡していたのだ。

ただし、ミトコンドリアや葉緑体は細胞の中で完全に自由というわけではない。立教大学の黒岩常祥《くろいわつねよし》教授は、ミトコンドリアや葉緑体の分裂機構の研究から、細胞内共生の厳しい実態を明らかにしている。それら細胞小器官は、一見すると宿主細胞の中で自由を謳歌しているかのように見える。しかし実際には、細胞核のＤＮＡの完全な支配下にあるというのだ。つまり宿主細胞は、共生している小器官の分裂をきっちりとコントロールする仕組みを確立していたのである。

ちなみに瀬名秀明《せなひであき》の『パラサイト・イヴ』ではミトコンドリアが逆襲に出るが、それは二〇億年に及ぶ積年の恨みを晴らす物語ということになる。小説とは別に現実でも、ミトコンドリアの異常が病気の原因となることが知られている。

マーギュリスの細胞内共生説は、一度分かれた系統の枝は二度と再び相まみえることはないというダーウィンのテーゼに修正を迫るものだった。生物は、三十数億年に及ぶ歴史の中で、たまには常軌を逸した進化を演じたのだ。

〈図13〉東京で開催したシンポジウムでのマーギュリスと筆者のツーショット

だが、マーギュリスの告発はそれにとどまらなかった。彼女は、ミトコンドリアや葉緑体だけでなく、鞭毛《べんもう》やはては細胞核までもが、かつては自由生活をしていた細菌だったという説を唱えている。大半の生物学者は、マーギュリスのそこまでの蛮勇《ばんゆう》にはさすがについていけていない。それに対してマーギュリスは、大半の進化生物学者は細菌に対する敬意が足りないと義憤を隠さない。地球はいまだに細菌の惑星であり、俗にいう爬虫類の時代、哺乳類の時代なぞを迎えたためしはないというのだ。

数年前のこと、ぼくは東京で開催したシンポジウムにマーギュリスを招聘《しょうへい》した（図13）。その際、放送大学の今は亡き細胞生物学者、石川統《はじめ》教授とのトークショーも企画した。質問コーナーになり、会場の女子大生が、「二〇歳の頃、何をしていましたか」とマーギュリスに質問した。するとマーギュリスは、「カッコイイ男の子を追いかけていた」と即答した。その相手は、惑星天文学者にして優れたサイエンスライターでもあった、彼女の最初の夫、故カール・セーガンだったはずである。マーギュリスは、研究者の卵だった頃から直情の人だったようだ。

それはともかく、細胞内共生説により、生命の系統樹は見直しを迫られることになった。それと、細菌類では異なる系統間でもＤＮＡの移動が頻繁に起こりうることも、生命観の変更をせまるものだ。先に、生物をあえて二分するならば原核生物と真核生物に大別できると書いた。しかし現在は、原核生物をさらに二つに分類して、生物は三つに大別できるという説が優位を占めつつある。バクテリアと古細菌と真核生物の三つである。この三グループは、それぞれドメインとも呼ばれている。しかもこの三ドメインが確立する以前は、生物間に「種類」などという境界はなく、遺伝子が自由に行き来する一つの巨大な遺伝子プールだった可能性もある。

＊　＊　＊

ともかくも生物は、細胞内共生という飛び道具に走ることで、細胞の構造を複雑化することに成功し、多細胞化への道を開いた。

さてそれでは、最初に登場した多細胞生物とはどのようなものだったのだろうか。

第3章
ギャップを埋める
——アメーバは何を語るか

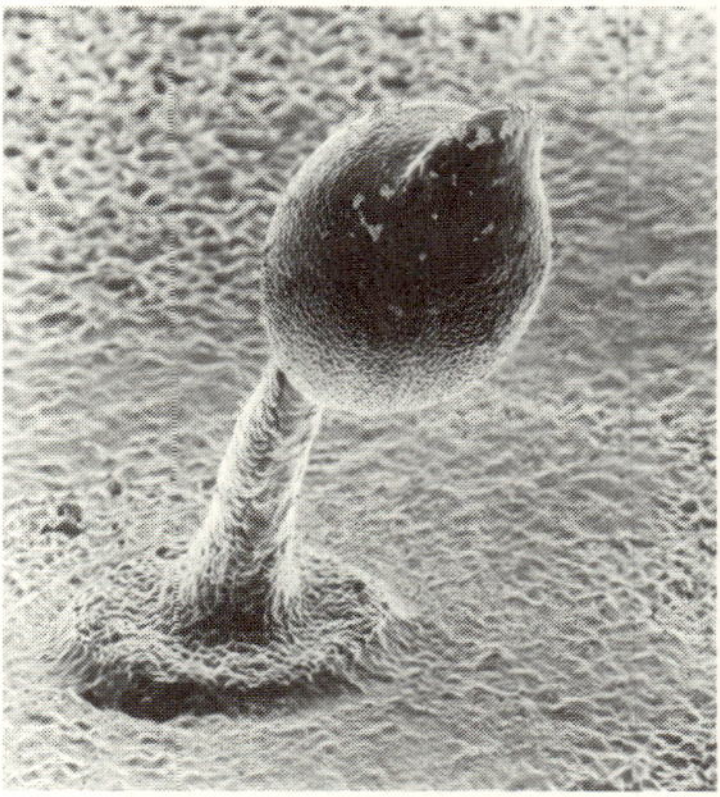

タマホコリカビの子実体（電子顕微鏡によるスキャン画像）©SPL/PPS通信社

アメーバに原始生命体の姿を見る

変幻自在に形を変えながら這《は》うように移動し、食物を包み込んで消化してしまうアメーバは、誰もが考える原始生命体のイメージに近いかもしれない。その証拠に、人間はアメーバのような生きものから進化したという言い方をよく耳にする。たしかにアメーバは、動物型の真核生物のなかでも最初に登場したグループと考えられている。その意味では最も原始的な動物である。

アメーバという名称は、ギリシア語で「変化」を意味する語に由来するラテン語である。体長が〇・四〜〇・六ミリもある大型のオオアメーバにはアメーバ・プロテウスという学名まで付いている。ギリシア神話の海神プロテウスは、海の支配者ポセイドンの従者で、変身してさまざまな動物に姿を変える能力を備えていたとされる。まさに鵺《ぬえ》的な存在であるアメーバにふさわしい。

だが、アメーバはあくまでも単細胞生物である。姿形は柔軟でも、単細胞の枠だけは超えられない。単細胞から多細胞への飛躍はどうやってなされたのだろうか。

むろん、化石ではわからない。これまでに見つかっている最古の多細胞生物の化石はおよそ六億年前のもので、それはすでに多細胞化を完了したものだ。

しかし、とにかく、最初にアメーバ類が登場してからヒトが登場するまでの経路は、直線的ではなく紆余《うよ》曲折《きょくせつ》した枝分かれの道だった。仮にそれが単細胞から多細胞への直線路だったとしたら、アメーバはもうこの世に存在しなかったはずで、われわれには遠い祖先にあたる生物の実像を知る術《すべ》がなかったかもしれない。

新しい生物が登場すると、たいてい、その直接の祖先は姿を消してしまう。いや、正しくは姿を変えてしまうというべきかもしれない。したがって、現存する生物は、いずれもわれわれから見て直接の祖先型ではありえないはずである。

それでも、進化の枝分かれにおいて登場したさまざまなタイプの生物は、それぞれに進化史を復元する手がかりを与えてくれる。現生する生物や化石生物を比較することで、失われた過去を再現することが可能なのだ。これぞ、ダーウィンが提唱し大いに活用した、歴史的にたった一回しか起こらなかった現象を科学的に研究するための方法なのである。

社会性アメーバ、タマホコリカビ

実際に、最初の多細胞化の架け橋となった生物を知る手がかりとなる現生生物が存在する。細胞性粘菌《ねんきん》類という生物である。タマホコリカビ（カビという名が付いているがカビではなく、あくまでも粘菌というグループの一員）に代表されるこの生物は、「社会性」のアメーバとして知られている。食物があるときは単細胞のアメーバのような生活をしているのだが、食物が乏しくなると多数のアメーバ状細胞が集合して多細胞体となり、なんとナメクジ状の物体となって、食物を求めて移動する。

そして、やがて今度は子実体《しじつたい》と呼ばれる「キノコ」のような姿に形を変える（P67章扉写真参照）。ナメクジ状だったときは均一だった個々の細胞が、胞子と、それを地上から持ち上げて支える柄《え》の二種類に変身していくのだ。キノコの先端から散布された胞子は、再びアメーバ状の単細胞生活を開始する。つまりタマホコリカビは、単細胞と多細胞という二つのフェイズを自在に使い分ける中間的な生物なのである。

細胞性粘菌が子実体を形成して胞子を散布するのは、雄と雌という二つの性が介在しない無性的な増殖である。ところが、水に浸かるなどして環境条件が悪化すると、細胞性粘菌はある意味で有性生殖をするようになる。アメーバ状の細胞が他の細胞と合体する能力を獲得し、異なるタイプの細胞どうしが融合して一個の大きな細胞となるのだ。これは、雄と雌というわけではないが、異なるタイプの細胞が合体する有性生殖にあたる。

合体した細胞は殻に閉じこもるような構造に変身してそのまま休眠状態に入り、しばしの眠りにつく。そうやって、環境が好転するまで逆境をやり過ごすのだ。再び目覚めた細胞は「子ども」を産み落とす。「子ども」ならぬ単細胞のアメーバ状細胞をたくさん放出し、新たな生活を再開させるのだ。

この性質は、性はそもそもなぜ出現したのかという謎を解く鍵の一つとなりうる。環境が一定のうちは遺伝的に変わる必要はないが、環境が悪化すると、遺伝的に多様化するほうが有利かもしれない。その結果として有性生殖という方策が進化した可能性も考えられるからだ。

粘菌というと、われらが博物学の巨人、南方熊楠《みなかたくまぐす》が研究したことでも知られている。ただし熊楠が研究したのはモジホコリカビに代表される変形菌類と呼ばれるグループで、細胞性粘菌類とは生活様式が異なっている。

変形菌類も細胞が一個という意味では単細胞なのだが、他の細胞と合体し、さらに細胞分裂を繰り返すことで（ただしあくまでも細胞としては一個のまま）、一個の細胞中にたくさんの細胞核をもつようになる（これを変形体と呼ぶ）。この合体は、異なるタイプ（性）の合体という意味で一種の有性生殖ともいえる。そしてやがてやはり子実体を形成し、胞子を散布する。

変形菌類の変形体は、直径一〇センチ、ときには数メートルもの大きさに広がることもあり、その色もさまざまだ。熊楠はそれに魅せられた。

ちなみに、スタートとゴールに食物を置いた迷路に変形体をちぎって入れると、やがて合体し、スタート地点とゴール地点の最短経路を結ぶ帯になる。この迷路実験を発表した北海道大学、広島大学などの共同研究チームは、二〇〇八年度のイグノーベル賞を受賞した。それもなんと、イグノーベル認知科学賞を！

カビと人間のカルチャー

大真面目ではあるが、何となくおかしい研究や発明を讃《たた》えるイグノーベル賞に、粘菌と認知科学という取り合わせは意表を突く。しかし、タマホコリカビの研究者として有名なアメリカの細胞学者J・T・ボナーは、一九八〇年に『動物における文化の進化』（邦題は『動物は文化をもつか』）と題した本を著し、粘菌から人間の文化までを意欲的に論じている。

なぜ粘菌と人間の文化《カルチャー》が関係あるのか。そんな疑問に対する言い訳でもないのだろうが、ボナーはその本の「カルチャーの定義」と題した節の冒頭で次のように書いている。

カルチャーという言葉ほど多義的な単語はないだろう。私はハーヴァード大学でウィリアム・ウェストン教授の学生だった。教授の部屋から廊下を隔《へだ》てたはす向かいに大きな部屋があって、そこで私たちは菌類や粘菌類を育てるための培養液を作っていたことを思い出す。……この共同利用室のガラスドアの外にはただ一語、金色の大きな文字でCULTUREとだけ書いてあった。（訳は引用者）

むろんそのカルチャーは文化のカルチャーではない。英語で文化を意味するカルチャー(culture)という単語はきわめて多様な意味を含んでおり、そもそもの原義は「耕作された土地」という意味である。そして生物系の研究室でカルチャーといえば細胞や微生物の「培養」のことなのだ。したがってその種の生物を扱う研究室には必ず「カルチャー・ルーム(培養室)」がある。大規模に培養している施設は、さしずめ「カルチャー・センター」だろうか。

文化といえば、「二つの文化」という言い方が思い出される。これは、理系出身の科学行政官にして作家でもあったイギリス人、C・P・スノーが一九五九年にケンブリッジ大学で行なった講演「二つの文化と科学革命」に端を発している。曰く、私はよく教育の高い人たちの会合に出席したが、彼らは科学者の無学について不信を表明することにたいへん趣味を持っていた。どうにもこらえきれなくなった私は、彼らのうち何人が、熱力学の第二法則について説明できるか訊ねた。答えは冷ややかなものであり、否定的でもあった。私は「あなたはシェークスピアのものを何か読んだことがあるか」というのと同等な科学上の質問をしたわけである。もっと簡単な質問「質量、加速度とは何か」（これは「君は読むことができるか」というのと科学的には同等である）をしたら、その教養高い人びとの十人中の幾人かは私が彼らと同じことばを語っていると感じたろうと、現在、思っている。このように現代の物理学の偉大な体系は進んでいて、西欧のもっとも賢明な人びとの多くは物理学にたいしていわば新石器時代の祖先なみの洞察しかもっていないのである。

（松井巻之助訳『二つの文化と科学革命』より）

すなわち大雑把な言い方をすれば、理系人間と文系人間のあいだには深い溝があるというものだ。二分法できっぱりと分けられるなら、確かにそうした面もあるだろう。しかし当のスノー自身が理系人間でありながら小説も物《もの》する異分野横断型人間だったのだから、いささか自己矛盾した言明であるような気もする。

しかし陰鬱な天候の憂《う》さをユーモアで晴らすイギリス人は、スノーの嘆きから四四年後にカルチャー・ギャップを笑い飛ばすみごとな企画を実施した。

二〇〇三年九月三日、英国王立化学会という由緒ある学術学会が、「カルチャー・ショック・コンテスト」なる企画の記者発表を行なったのだ。これはアリグザンダー・フレミングが一九二八年九月三日に青カビからペニシリンを発見した七五周年を記念するものだった。フレミングが、研究室に放置された培養皿に生えたカビを見てペニシリンを発見したという故事に倣《なら》い、研究室に放置されたマグカップに発生したカビの写真を募集したのである。

大学の研究室にはたいていだらしのない学生が一人はいて、紅茶などの飲み残しが放置されていたりする。そこには当然、まるで自然発生が起こったかのようにみごとなカビが生える。王立化学会のホームページには、しばらくのあいだ、全国から寄せられたさまざまな応募「作品」が公開されていた。なかには思わず目を覆いたくなるようなショッキングな写真も交ざっていたのはいうまでもない。そしてこれを見れば、カルチャーは決して理系と文系の二つだけではないことが実感できたはずである。

カビの平等なカルチャー

多細胞生物が起源した謎について語るはずが、粘菌からカビのカルチャーへと話がそれてしまった。だがここでカビについて語ることも無関係ではない。

細胞性粘菌や変形菌などの粘菌類は原生生物というグループに属している。それに対してカビは、原生生物とは異なる菌類と呼ばれるグループに属している。菌類は動物や植物に匹敵する大きなグループである。

先に紹介したタマホコリカビなど細胞性粘菌の生活様式は、単細胞と多細胞の中間的存在として個体とは何かという難問を突きつける。子実体を形成する際に胞子となるのは、単細胞生活から多細胞生活に移行する時点でのそれぞれの細胞の状態（フェイズ）に依存している。つまり、そのとき胞子になりうるフェイズにあるものだけが胞子になり、それ以外は柄を構築する側に回るのだ。胞子になる粘菌は子孫を残すが、柄になる粘菌は単なる縁の下の力持ちでしかない。柄になる細胞個体に、はたしてどんな得があるのかは謎だ。

一方、カビとかキノコと呼ばれる菌類は、粘菌のように自ら動き回ることはない。そのかわり、培地に菌糸を網目状に張り巡らせた菌糸体を形成しており、それが一個体にあたる。

なかには半径数百メートルにも及ぶ菌糸体を形成しているものもあり、考えようによっては地上でいちばん巨大な生物個体は菌類ということになる。

いわゆるキノコは、そうした地下の菌糸体に支えられた個体が胞子を散布するために形成する子実体である。他の菌糸と接合（合体）した菌糸は、子実体すなわちキノコを形成する。その意味で、キノコ（正式には担子菌類《たんしきん》）は変形菌類にも似ている。大きな違いは、変形菌は自ら動き回るのに対し、キノコはひたすら菌糸を伸ばすだけであることだ。

菌糸体（菌糸のネットワーク）と子実体（胞子を生じる器官）の関係を見ると、多細胞化とは細胞間の分業であることがわかる。細胞性粘菌の分業の場合は、柄の構築に回る細胞にとっては無私的、利他的な行為に見える。しかし菌類や変形菌類の接合（広い意味での有性生殖）では、接合する個体どうしの役割は平等であり、自分の子孫を残せるという意味では利己的な行為である。

有性生殖が万能ではない

生殖に関わる細胞を、一般に生殖細胞という。たとえば粘菌類や菌類の胞子が生殖細胞である。前述したように、同じ粘菌類でも、細胞性粘菌の胞子は、異なる個体間での遺伝情報

（必要最小限の遺伝情報のセットをゲノムという。その情報が書き込まれている物質がDNAである。DNAの中で、何らかの遺伝的機能を担っている区画を遺伝子と呼ぶ）の交換なしに（無性的に）生じるのに対し、変形菌の胞子は異なる個体どうしの合体（接合）が起こり、遺伝情報の混ぜ合わせを経て（有性的に）生じる。

粘菌類と同じ原生生物で、しかも単細胞動物のゾウリムシは、基本的には無性生殖で、細胞分裂によって殖える。しかしときに有性生殖もする。二個体が接合して互いの遺伝情報を交換し合うのだ。

有性生殖というと、精子と卵子との受精を連想しやすいが、それがすべてというわけではない。精子と卵子も生殖細胞にはちがいないが、こちらは異なる相手と合体（受精）するための特殊な生殖細胞なのだ（そういう生殖細胞を特に配偶子と呼ぶ）。

いずれにせよ有性生殖では、遺伝的なタイプの異なる二個体の遺伝情報が混ぜ合わされる。したがって、それによって生まれる子は親とは遺伝的に異なっている。遺伝的多様性が高まるわけだ。

そういうと何となく良さそうなことのように聞こえるが、じつのところ有性生殖の真の有用性はわかっていない（細胞性粘菌が一つのヒントを与えてはくれるが）。原核生物である細菌類にしても、他の個体の遺伝物質を取り込むこともあり、完全に無性生殖しかしないとはいい難い。しかし基本的には無性生殖であり、それなのに前述したようにいまだに大繁栄し続けている。

多細胞動物にも、有性生殖と無性生殖を使い分ける種類が多数いる。基本的には、無性生殖は急速に個体数を増やすために便利である。アブラムシ（アリマキ）の雌は、受精をしない単為生殖（無性生殖）で翅《はね》のない雌ばかり産み落として急速に個体数を増やす。ベランダの鉢植えの植物が、ちょっと見ぬ間にアブラムシだらけになるのはそのためだ。一般には秋になる頃には雌雄の子どもを産むようになり、受精によって産み落とされた卵が越冬する。条件が厳しくなると有性生殖に移行するのは、細胞性粘菌類と似ていなくもない。

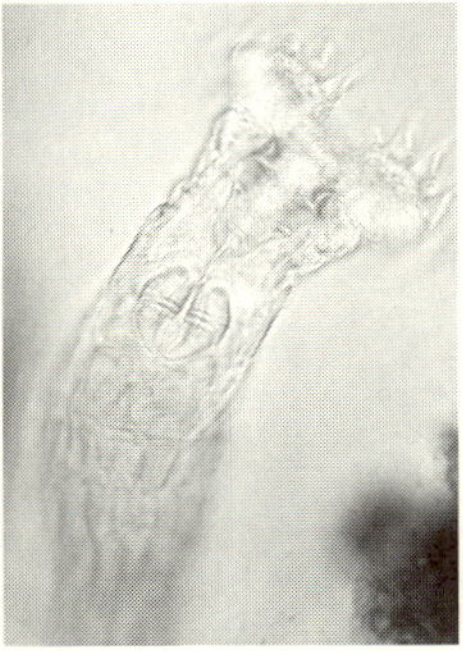
〈図14〉ヒルガタワムシ
© SPL/PPS通信社

さらに、多細胞動物なのに完全に無性生殖しかしないグループまでいる。ワムシ類（輪形動物）のなかのヒルガタワムシ類という微生物のグループである（図14）。なにしろ数百種を擁するこのグループではどの種からも雄が見つかっていないのだ。

進化生物学者からサイエンスライターに転じた才媛《さいえん》

オリヴィア・ジャドソンは、快著『ドクター・タチアナの男と女の生物学講座』でヒルガタワムシのユニークな性生活を取り上げている。しかも、架空の人気テレビ番組「顕微鏡下の世界――奇人変人生物ショー」なるものを仕立て上げ、そこにヒルガタワムシのローズ嬢をゲストに招くという趣向で。

スタジオのみなさんが動転した理由はよくわかります。問題のゲストは、変態セックスの実践者というわけではなく、それどころかまったくの禁欲者でした。しかも、彼女の家系は、もう八五〇〇万年以上にもわたって、セックスをしていないというではありませんか。こんな事態は言語道断です。たしかに生物学者たちは、セックスあるいは性は何のために必要かに関しては、意見の一致を見ていません。しかし、セックスは必要不可欠、セックスなしでは生きていけるはずがないということでは、誰にも異論はありません。なのに、そのゲストがセックスすなわち男なしでやっていけるなら、われわれにも男は不用なのでしょうか。セックスにはどんな価値があるのでしょう。セックスなんて時代遅れなのでしょうか。男は絶滅危惧種族なのでしょうか。このような疑問は、セックスが存在する意味は何かという、生物学の核心に迫る、異論の多い問題を提起します。これについては、番組の中で多角的かつ徹底的に論じ合いました。

確かに男たちにとっては衝撃的な事実である。逆に女が生まれなくなった世界を描いた萩《はぎ》尾望都《おもと》の名作『マージナル』を読んで、憂さを晴らすしかない。

ともかく、性の進化に関してはいまだに謎ばかりなのだ。遺伝子の混ぜ合わせである有性生殖の効果としては、環境の変化に対応すべく遺伝的多様性を増すため、損傷した遺伝子を修復するため、病原体を出し抜くためなどといった説が出されているが、さまざまな生物の生殖のあり方を鑑《かんが》みると、やはりいずれも今ひとつ決め手に欠けている。

しかも、多細胞生物の登場に関しては空白の期間があまりにも長い。なにしろ最古の生物の痕跡が見つかるのは三八億年前なのに、肉眼サイズの動物化石が見つかるのは、今からおよそ六億年前の地層からなのだから。

奇妙な生物化石の発見

南オーストラリア州の州都アデレードから北に数百キロほどの距離にあるフリンダーズ山脈には、エディアカラ丘陵という強い日差しに焼かれた荒れ地が広がっている。そこにはか

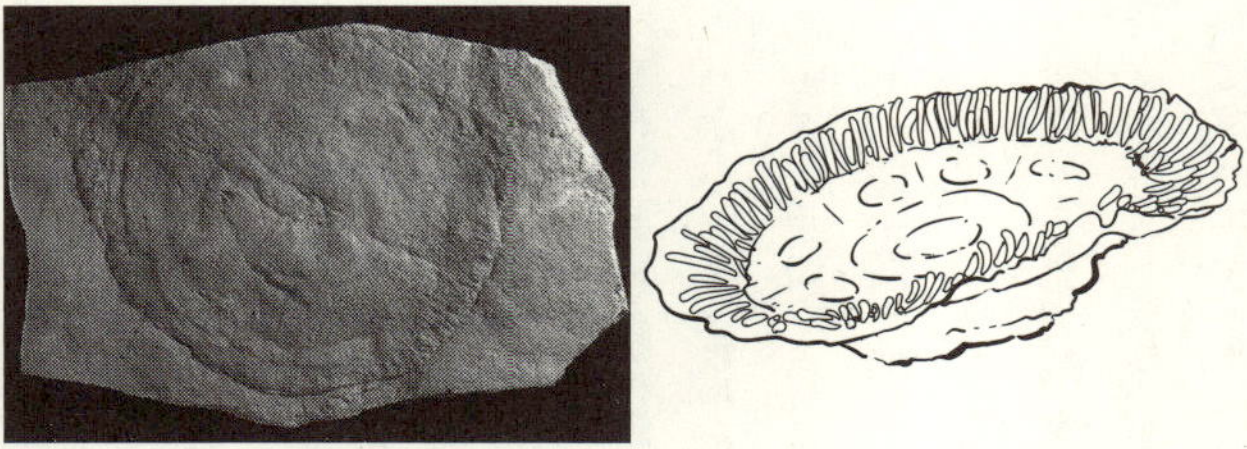

〈図15〉 エディアカリア
エディアカラ丘陵の地層で発見された動物群の一つ。クラゲやサンゴ、イソギンチャクの仲間（刺胞動物）の一種といわれ、浅い海底にくっついてユラユラと揺れながら生活していたようだ（写真提供：蒲郡・生命の海科学館）

って、鉛と銀の鉱山が点在していた。一九四六年、州の地質調査所の助手をしていたR・C・スプリッグは、廃鉱になっていた鉱山の経済的価値を見直すためにその丘陵に派遣された。スプリッグは地質だけでなく化石にも興味を持っており、鉱山近くの珪岩《けいがん》の露頭《ろとう》も調べてみた。すると見慣れない形状の化石が見つかった。

　スプリッグはさっそくそれを論文にまとめ、「南オーストラリア州フリンダーズ山脈から出土したカンブリア紀初期（?）のクラゲ化石」という題名で地元の専門誌に発表した。当時の常識では、カンブリア紀に先立つ先カンブリア時代の地層からクラゲ様の化石が見つかるはずはなかったからだ。それでもスプリッグには、地質学者として、エディアカラ丘陵の地層がカンブリア紀初期のものとは思えなかった。題名に付された「?」マークは、そのあたりの葛藤の表われだったようだ。

しかし、スプリッグの発見はほとんど注目されなかった。この化石層が注目されるようになったのは、一九五八年に南オーストラリア博物館の古生物学者Ｂ・デイリー率いる調査隊が一五〇〇個あまりの化石を持ち帰って以後のことである。

エディアカラから見つかる動物群はいずれも奇妙なものばかりである。目も口も見あたらず、海底に押しつけられたパンケーキかエアマット状のもの、あるいは海底から立ち上がった羽状のものなのだ。現生生物のどの枠組みにも収まらない。

やがてエディアカラ動物群に類似した化石が世界中の同時代の地層から見つかるようになった。しかし、エディアカラ動物群の栄華は数千万年間で唐突に打ち切られる。

エディアカラとはいったい何で、何が起こったのか。

第4章 カンブリア劇場

——謎に満ちた生命の大爆発

奇怪なバージェス動物群がひしめいていたであろうカンブリア紀の海（想像図） ©SPL/PPS通信社

変わろうとする生命

合衆国大統領オバマのスローガンは「チェンジ！」。そうなのだ、われわれは変わらねばならない。

かのチャールズ・ダーウィンはその主著『種の起源』において、「変化を伴う由来」あるいは「共通祖先からの変化を伴う由来」というモットーを繰り返し使っている。それもそのはず、この惹句《じゃっく》は、生物種は神が個別に創造した不変の存在であるという当時の教義に対する一大アンチテーゼであると同時に、ダーウィンが二〇年にわたって温めていた生物進化理論のエッセンスなのだ。

ただしこの場合の「変化」は「チェンジ change」ではない。Descent with Modification from a Common Ancestor がその原文。

この短いモットーには、生物は一種類の共通祖先から始まって変化を重ねながら種類を増やしてきたという意味が凝縮されている。これはじつに壮大なメッセージである。ダーウィン自身もこれを荘厳な生命観と呼んでいる。なにしろ太古の昔に誕生した生命の糸が一度も途切れることなく連綿と続いているといっているのだ。変わりつつも途切れない。裏を返せば、変わらなければ途切れていたかもしれない。

むろん、絶滅した生物種は数限りない。先カンブリア時代末、六億三五〇〇万～五億四二〇〇万年前のエディアカラ紀に生息していたエディアカラ生物もそうだった。

エディアカラ、楽園からの追放

今から六億年ほど前、地球が極寒状態になり、全体が雪と氷に包まれたとする説がある。地球はまるで大きな雪玉になったはずだということから「全球凍結説」とか「スノーボール・アース説」と呼ばれている。ただし原因はよくわかっていないし、その実態もはっきりしていない。

雪玉状態から脱した地球の気候は、一転して穏やかになった。「黄金時代」とも呼ばれる時代の到来である。厳しい冬を終えて春が来ると生命が一斉に芽吹くように、お花畑ならぬ「エディアカラの園」が出現した。

開花した生物の多くは硬い殻をもたないパンケーキ状や草履《ぞうり》状など奇妙な形をした謎の動物群だった。口らしきものもなく、身を守るための装甲らしきものもない。ということは、肉食動物がほとんどいなかったらしいことを物語っている。食う食われるという血なまぐさい性《さが》をいまだ知らなかった「エデンの園」ならぬ「エディアカラの園」と称される所以《ゆえん》である。その時代の生物化石は、現在、世界中の三〇カ所あまりから発掘され、およそ一〇〇種あまりが知られている。

最近の研究では、エディアカラ紀中期には体の一部に硬い殻をもつ生物も登場していたらしいこともわかってきた。ただしなぜ殻が必要になったのか、それが捕食者の登場と呼応してのことだったのかどうかは不明である。わかっているのは、先カンブリア時代の終わりに大多数の生物が忽然と姿を消したことだ。この引き金を引いたのが肉食動物という殺戮者《さつりくしゃ》の登場だったとしたら、それはまさにエデンからの追放である。

前章の終わりにも書いたように、南オーストラリアに位置するエディアカラの園は、一九四六年に発見されるまで長い眠りについていた。まさかそんなところにお宝が眠っているとは誰も予想していなかったのである。現在、世界の主だった自然史博物館にはエディアカラ動物の化石が一つくらいは展示されている。注目されれば希少価値が増すのは必定《ひつじょう》、悪の誘惑も増える。

一九九一年、旧跡エディアカラの園を再訪した古生物学者は、貴重な化石を含む一平方メートル、一六〇キログラム相当の板石が盗掘されて持ち去られているのを発見した。ろくな道路すらない辺境の地である。どうやって運んだのか。その執念や恐るべしである。むろん、熱狂的な化石収集家の行ないなどではなく、明らかに売買を目的とした盗掘である。

盗掘品は意外なところで見つかった。密かに国外に持ち出された化石の一部が、こともあろうに東京新宿で開かれていたミネラルショーで商談にかけられたのだ。しかしオーストラリア連邦警察の知るところとなり、犯人のオーストラリア人は逮捕され、化石は本国に返還された。この情けない所行も、禁断の知慧《ちえ》の実を口にして楽園を追放された人間なればこその業なのだろう。

カンブリア、生命の大爆発

その原因はわからないが、謎に満ちたエディアカラ紀は九三〇〇万年で幕を下ろし、先カンブリア時代が終焉《しゅうえん》した。そして古生代を迎えたとたん、再び春が巡ってきたかのような一斉開花が起こった。硬い殻をもつ多様な動物が忽然《こつぜん》と姿を現わしたカンブリア紀の爆発的進化である。

そう書くと、エディアカラ紀とカンブリア紀とのあいだには大きな断絶があるように聞こえる。しかし、上述したようにエディアカラ動物にも、すでに殻片《かくへん》をもつものが出現していた。カンブリア紀（五億四二〇〇万～四億八八〇〇万年前）初期の化石層からも直径数ミリ程度の殻片が見つかっているのだが、その殻をもつ生物の実態はいまだ知られていない。

序章で触れたバージェス動物は、カンブリア紀が始まって三七〇〇万年が経過した、今から五億五〇〇〇万年前に生息していた動物たちである。それと共通点の多い中国雲南省澄江《チエンジャン》の化石層はそれよりも古く五億二五〇〇万〜五億二〇〇〇万年ほど前にあたる。

いずれの化石層から見つかる動物も、まさに奇妙奇天烈と呼ぶにふさわしい。現在の動物に対する常識を逸脱した姿形をしているからだ。どの動物グループに入れてよいものやら、思わず躊躇《ちゅうちょ》してしまう連中ばかりなのだ（P85章扉イラスト参照）。

しかし、体長が一メートルを超えるものもいたカンブリア紀前期最大の動物アノマロカリスを別にすれば、ほかはみなせいぜい数センチ程度の動物だった。

澄江化石も含めたバージェス動物群は、研究が進むにつれて、必ずしも最初の見かけほどの変わりものではないことがわかってきた。そしてこの時点で現在まで続くほぼすべての動物門がそろっていたこともはっきりしてきた。

生物はその類縁性を基《もと》に、入れ子状のグループに分類できる。種は属にまとめられるし、属は科に、科は目《もく》に、目は綱に、そして綱は門にまとめられる。門の上は界で、動物では動物界となり、すべての動物が含まれてしまう。つまり門というのはそれほど大きなグループなのだ。

カンブリア紀の爆発で最も注目すべき点は、動物門が出そろったことと、まあまあ硬い殻をもつ多様な動物が、見たところ突如大挙して登場したことにある。そこで気になるのは、なぜそういうことになったのかと、どうやってそれが可能だったのかということだろう。

生態系の誕生

まずはなぜ多様化したのか。これは、ダーウィンが最初に抱いた疑問でもあった。

青年ダーウィンは、なぜかくも多様な生物が存在するのかという素朴な疑問に駆られ、熱帯への熱い思いをたぎらせた。そしてビーグル号に乗船し、進化論探求の長い旅に出たのだ。その航海の終わりに進化論の着想を得てから二〇年後、五〇歳にして出版した『種の起源』の末尾近くでは次のような感慨を吐露するに至った。

さまざまな種類の植物に覆われ、灌木《かんぼく》では小鳥が囀《さえず》り、さまざまな虫が飛び回り、湿った土中ではミミズが這《は》い回っているような土手を観察し、互いにこれほどまでに異なり、互いに複雑なかたちで依存し合っている精妙な生きものたちのすべては、われわれの周囲で作用している法則によって造られたものであることを考えると、不思議な感慨を覚える。

（『種の起源』第14章より）

ただし当時のダーウィンは、バージェス動物の存在など知るよしもなかった。そもそもカンブリア紀の存在すら知らなかった。そしてそれが大いなる悩みの種だった。なぜなら、ダーウィンの進化理論によれば、すべての生物は原始的で単純な形態をした祖先から進化してきたはずである。なのに当時知られていた最古の生物化石は、すでに複雑な形態を進化させたものばかりだったからだ。

彼はその事実を、自説が抱える重大な弱点と自覚していた。

もう一つ、よく似てはいるがさらに重大な難題がある。それは、同じグループの多数の種が、知られている最古の化石層に突如として出現しているという事実である。同じグループのすべての現生種は一つの祖先に由来していると私が確信するに至った論拠の大半は、知られている最古の種にもほとんど同様に当てはまる。たとえば、シルル紀のすべての三葉虫は、シルル紀のはるか前に生きていたある一種類の甲殻《こうかく》類の子孫であり、その祖先種はおそらく既知のいかなる動物にも似ていなかったということに、私は何の疑問も抱いていない。〔中略〕私の学説が正しいとしたら、間違いなく次のように結論される。シルル紀最古の地層が堆積する前に、シルル紀から現在に至る全期間と同じくらい、もしかしたらそれよりも長い期間が経過していた。そしてまったく未知のその長大な期間、世界には生きものがひしめいていたのだ。

（『種の起源』第9章より）

現在、シルル紀は四億四四〇〇万～四億一六〇〇万年前にあたる時代区分である。その前の時代はオルドビス紀（四億八八〇〇万～四億四四〇〇万年前）、カンブリア紀（五億四二〇〇万～四億八八〇〇万年前）と続く。しかしここでダーウィンのいっている「シルル紀」とは、現在でいうオルドビス紀とカンブリア紀も合わせた時代を指している。それが、『種の起源』の初版を出版した一八五九年の時点の「常識」だったのだ。

ところがその後、シルル紀の初期をカンブリア紀として別に区分すべしという意見が出て、論争が勃発する。そして最終的に、シルル紀、オルドビス紀、カンブリア紀という三区分が確定することになる。ダーウィンも、そうした経緯を受けて、『種の起源』の後の版では、この引用箇所の「シルル紀」を「カンブリア紀」と書き換えている。

それはともかくダーウィンは、当時大型化石が見つかっていた最古の時代以前から、生物の多様化はすでに始まっていたことを確信していたのだ。

生物の多様性に関してダーウィンが出した答の一つは、生物種は「自然の経済 The Economy of Nature」の中の新しい「居場所」に進出していくことで種数を増やしていくという原理である。ここでいうエコノミーはむしろ「摂理」とか「秩序」と訳すべきなのかもしれない。しかしこれは「自然の経済学」ともいえる生態学の概念を先取りしたダーウィン一流の表現であり（ただし言葉自体はダーウィンの造語ではない）、「居場所」は生態系の中での「生態的地位（ニッチ）」にあたる。

この考え方をカンブリア紀に適用するとどうなるだろう。生物の多様化は、上述したようにエディアカラ紀の後半からすでに始まっていた。理由はわからないが、硬い殻片をもつ生物が徐々に増えていたらしいのだ。なぜ殻をもったのか。

捕食者から体を守るという可能性を除外するとしたら、生理的な理由があったとも考えられる。生息場所である海水中の化学組成が変化し、体内に取り込んだ有害物質を固い殻という無機物として排出したという可能性も考えられるのだ。

あるいは、たまたま硬い殻を獲得しただけで、当初は生存にとって有利でも不利でもなかった可能性もある。とにかく体の一部を硬化させた生物にとっては、そのことで、新しい「居場所」、新しい生態的地位へ進出する道が開かれることになった。

生物が一種増えると、その分だけ生態系は複雑さを増し、新たな生物種が入り込む隙間が生じる。新たな隙間産業の創出である。また、硬化した摂食器官をもつ動物が出現したとしたら、それは肉食動物という新しい職業への道が開けたことを意味する。肉食動物が出現すると、装甲で身を固めた動物のほうが生存に有利となる。このサイクルが回り始めると、生物の多様性はぐんぐん増していく。

眼の獲得

食べる側と食べられる側の攻防戦による軍備拡張競争によって生物の多様性が増す、しかも形態だけでなく行動の多様性が増すとする考え方は現代の進化生物学ではおなじみである。ただしこの考え方をカンブリア紀の爆発に適用するにあたっては、閃《ひらめ》きがもう一つ必要だった。その光明をもたらしたのが「光スイッチ説」である。

エディアカラ生物の化石で、これまで視覚装置は見つかっていない。それは、必要なかったからなのだろう。殻片をもつ正体不明のエディアカラ生物は、原始的なクラゲやカイメンといったフニャフニャした生物を捕食していた可能性がある。しかし、それらの知覚器官はおそらく触覚だったろう。

オーストラリア出身で、オックスフォード大学から今は大英自然史博物館に移っている動物学者アンドリュー・パーカーは、エディアカラ紀の終わりかカンブリア紀の初めに史上初めて眼をもつ生きものが登場したことで、生態系に激震が走ったと主張している。

映像あれ！　かくして、動物界に、まったく新しい感覚が導入された。しかもそれは、尋常ならざる感覚だった。やがて最強の感覚となるべき感覚は、ある種の（三葉虫になりかけの）原始三葉虫、すなわちこの世ではじめて眼を享受した動物の誕生とともに世に解き放たれた。地球史上初めて、動物が開眼したのだ。そしてその瞬間、海中と海底のありとあらゆるものが、実質的に初めて光に照らし出された。カイメンの上を這い回る蠕虫《ぜんちゅう》の一匹一匹、海中を漂うクラゲの一匹一匹が、突如、映像となって姿を現わした。地球を照らす光のスイッチがオンにされ、先カンブリア時代を特徴づけていた緩慢な進

〈図16〉エディアカラ動物群（左列）とバージェス動物群（右列）

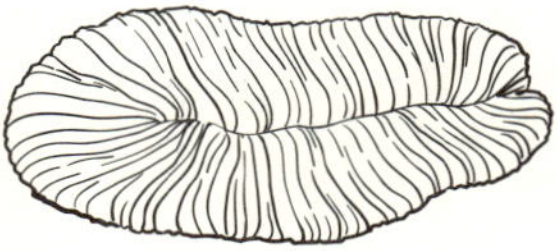

○ディッキンソニア
ミミズやゴカイの仲間（環形動物）の一種といわれている

○エディアカリア（再録）
クラゲやサンゴ、イソギンチャクの仲間（刺胞動物）の一種といわれている

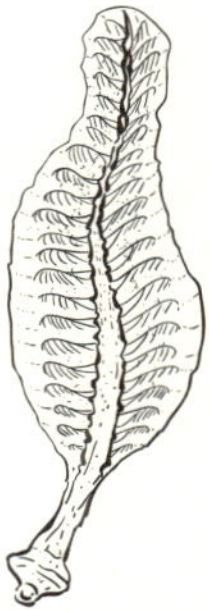

○チャーニオディスクス
シダに似ているが動物。下部の円い部分で海底につかまっていた

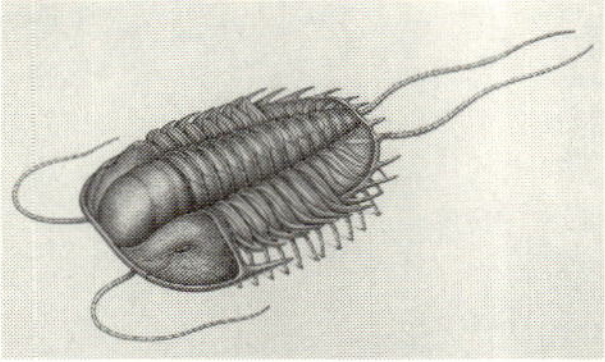

○オレノイデス
三葉虫の一種で胴部の下にはトゲのついた脚とエラが並んでいる

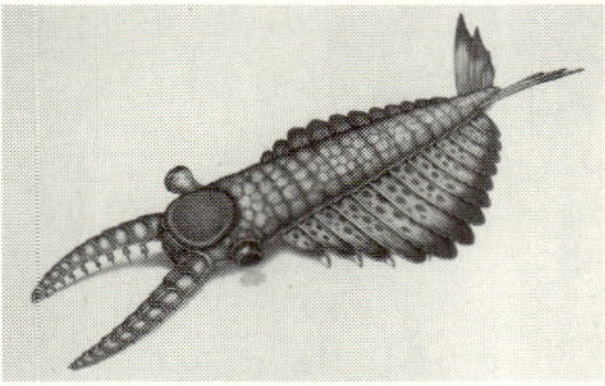

○アノマロカリス（再録）
カンブリア紀最大（体長50〜100センチ）の肉食動物

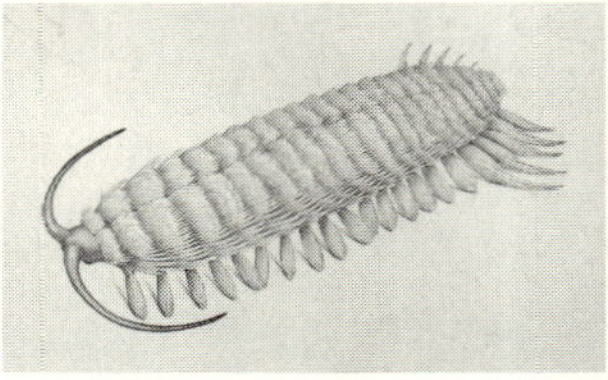

○カナディア
腹にイボのような脚をもち、体には硬い毛の束が生えている

右列 illustration：Richard Tibbitts & Evi Antoniou Tibbitts、生命の海科学館

化に終止符が打たれた。

（パーカー『眼の誕生』より）

生きものが眼を獲得したことで、食う食われるの関係をめぐる軍拡競争が一気に加速され、生物は多様性を爆発させた。それがカンブリア紀の爆発だったというのが、パーカーの唱える光スイッチ説である。これは眩《まばゆ》いイメージを喚起する画期的な説だが、惜しむらくは実証に乏しい。原始三葉虫が眼を獲得したこととカンブリア紀の爆発との因果関係については希薄な状況証拠しかないからだ。

三葉虫の権威でパーカーのよき理解者でもあるリチャード・フォーティも、「おもしろい説ではあるけれど」といいつつ、積極的な支持は表明していない。

光スイッチ説の検証には、眼の進化を詳細に裏付ける化石の証拠が必要だろう。しかしそれは必ずしも期待できない。そうした化石の発見にはジャンボ宝くじに当たる以上の幸運が必要だからだ。ただ、食う食われるの関係の出現によって生物多様性が増すという生態学の視点を大いに活用している点で、光スイッチ説は大いに評価できる。

ダーウィンも、進化の原動力としてなによりも重要なのは環境変化の影響ではなく、生物相互の関係だと力説している。生物の進化は、生態系の中での相互関係を抜きに考えることはできないのだ。

生態学者エヴリン・ハチンソンは、進化の舞台となる生態系を劇場にたとえ、生物の進化は「生態劇場の進化劇」であると喝破した。まさに至言である。この表現は、ぼく自身が生物進化を考える上での座右の銘である。繰り返そう。生物の進化はあくまでも生態系の中で起きる出来事なのだ。

その意味で、バージェス動物群は一つの完成された生態系を構成している。一次生産者（植物プランクトン）から捕食者まで、生態系のネットワークと食物連鎖のみごとなピラミッド構造ができているのだ。

生物の進化史は、役者の顔ぶれを変えつつも、役柄の陣容に関してはきわめて保守的である。太陽のエネルギーを生活の糧にしている植物プランクトンや植物にあたる役から、それらを食べる草食動物、それを食べる肉食動物という役が、どの時代、どの場所の生態系にも必ず存在する。たとえるなら、進化とは、演出や舞台衣装、台詞《せりふ》の言い回しを時代に即して変えつつ演じられつづけてきた古典劇のようなものなのだ。

すべては小さな怪物から始まった?

カンブリア紀の爆発のなぜに関してはまだまだ謎が残されている。では、どうやってという疑問についてはどうか。

生物の進化は再現実験が不可能であるから科学研究の対象とはなりえない。かつてはそんな意見が、日本の学界に蔓延《まんえん》していた。それについては、実験による再現性こそが科学的方法だという先入観を金科玉条のごとく振り回し、歴史的に一回だけの事象にまで適用するように要求すること自体が間違いだと反論すれば事足りる。

じつはダーウィン自身、歴史的事象をいかに科学的に研究するかに腐心した。そして化石と現生生物との比較などによって傍証を積み重ねる歴史科学の方法を採用し、それを適用したのが『種の起源』だった。

ダーウィンの時代に比して、科学の進展が進化の研究法に革命をもたらしつつある。一つは分子進化の研究である。現在の生物のDNAの塩基配列を比較し、化石の記録も考慮に入れた上で、それぞれの動物門が枝分かれした年代の推定が可能となったのである。

かつては特定のタンパク質を比較していたが、現在ではDNAの塩基配列を直接、しかも素早く調べられるようになった。そのおかげで、推定値の精度も上がってきた。

そうした研究によると、あくまでも推定値ではあるが、主だった動物門の大半はエディアカラ紀（六億三五〇〇万～五億四二〇〇万年前）末、すなわちカンブリア紀の始まる前に登場していた可能性が大きい。その後、新たな動物門はほとんど出現しなかった。主だった動物門の出現から澄江動物の登場までの時間は数千万年程度という計算になる。

ということは、動物の大まかな体制は、今から五億数千万年前の数千万年間で大枠が定められ、その後の変更はなかったわけだ。つまり動物はその初期に爆発的な進化を遂げた後は、保守的な姿勢に宗旨替えしたのだろうか。あるいは、初期の進化ではなぜどうしてそれほど劇的な進化が可能だったのだろうか。

これについても、研究面で新たな突破口が開かれている。動物が卵からおとなに成長する過程を発生というが、そのメカニズムが遺伝子のレベルで解明されつつあるのだ。

体のつくりが大きく異なる動物が生まれるには、相当大規模な突然変異が起きなければならない。そして、たいがいの突然変異は有害である。それまで正常に機能していた遺伝子の組み合わせ（これをゲノムという）に異変が生じるのだから、正常に機能しなくても不思議はない。だが、そうした関門をクリアーしてたまたま世に登場する突然変異体は「前途有望な怪物」と呼びたくなる（ただしそのような「怪物」が子孫を残せるかどうかを決めるのは主に自然淘汰である)。

かつては、そのような「前途有望な怪物」が劇的な進化の舵《かじ》を切ってきたという説が有望視されたこともあった。しかし発生のメカニズムが解明されるにつれて、ほんの小さな一歩でも大きな変更、チェンジが可能なことがわかってきた。ほんの小さな突然変異でも、生物はがらりと変わりうるのだ。

そのような研究を可能にする技術が登場したことで、進化発生学(Evolutionary Developmental Biology)またの名をエボデボ(Evo-Devo)と呼ばれる新たな研究分野が登場した。それは、進化の研究に革命をもたらすことになった。

第5章 無限の可能性を秘めた卵

——エボデボ革命が明らかにしたもの

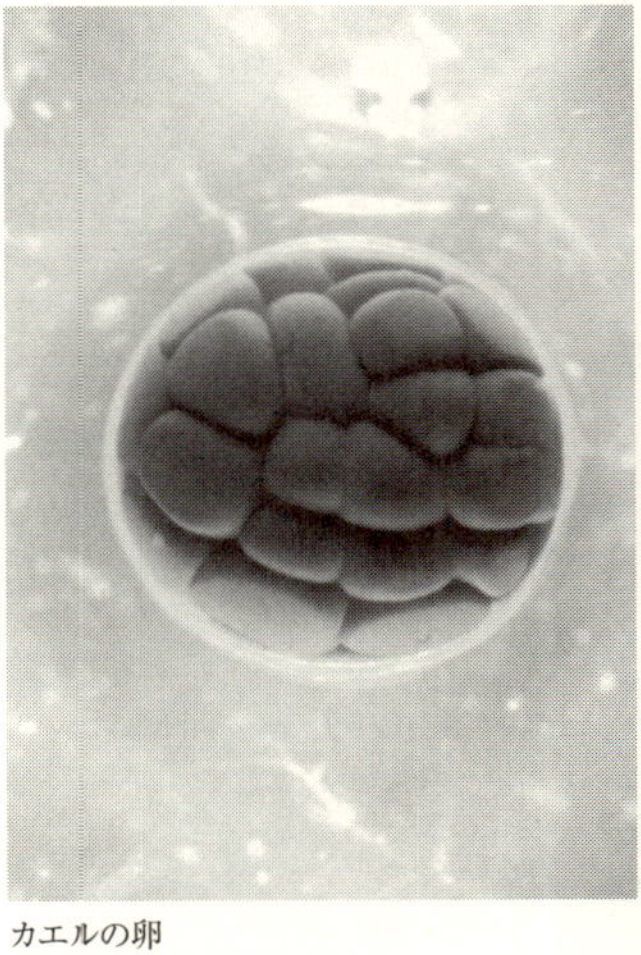

カエルの卵
Ⓒ SPL/PPS通信社

津田梅子と発生学

アメリカ合衆国の独立が宣せられた都市フィラデルフィアの冬は寒い。東京に比べると、平均して気温が五度は低い。特に、石造りの重厚な建物にある実験室は、底冷えともいえる寒さだった。

一八九一年の冬、フィラデルフィアの郊外、閑静な一画にたたずむカレッジで、二七歳の日本人女性が一心不乱に顕微鏡を覗いていた。彼女の名は津田うめ。後に名前を梅子と改め、津田塾大学の前身にあたる女子英語塾を創設した津田梅子その人である。

一八六四年一一月、東京に生まれた津田梅子は、六歳にして岩倉使節団に随行する留学生として渡米し、そのまま現地の家庭に寄宿して一七歳まで中等教育を受けた。帰国後は華族女学校（現在の学習院女子大）の英語教師を務めていたものの、勉学の志やまず、一八八九年に再び渡米し、一八八五年に創立されたばかりの女子大ブリンマー・カレッジの特待生となった。

梅子がブリンマー・カレッジを選んだ理由は、知己《ちき》の米国人女性が学長の友人だったこともあるが、若手細胞学者として嘱望《しよくぼう》されていたE・B・ウィルソンの下で生物学を学びたいという本人の強い希望があったからだといわれている。ただしそもそもなぜ生物学に興味を持ったのかは判然としない。

われわれの体は細胞からできている。そしてその細胞は細胞から生じる。津田梅子が師に選んだウィルソンは、生物の根幹をなす細胞が細胞から生じる仕組み、すなわち細胞分裂のメカニズムを解明しようとしていた。しかしウィルソンは、一八九一年にニューヨークのコロンビア大学に転出してしまう。

ウィルソンが自分の後任に推したのは、博士号を取得したばかりでまだ弱冠二五歳という新進気鋭の発生学者トーマス・ハント・モーガンだった。かくして梅子は、着任したてで、しかも自分より年下のモーガンを指導教官と仰ぐことになった。モーガンにとって、梅子は最初の教え子の一人となった。

モーガンが梅子に与えた実験材料は、ヨーロッパアカガエルの卵だった。カエルの卵が細胞分裂してオタマジャクシに成長していく仕組みに注目していたのだ。初夏に採取した卵は、さまざまな発生段階まで進んだものをそれぞれアルコール漬けにして保存し、顕微鏡でじっくりと観察する。梅子は、一八九一年から翌年にかけての一冬に全部で一一九個の卵を観察し、胚発生初期の卵割（細胞分裂）の様子を詳細にスケッチした。

発生学者の卵としての梅子の力量はモーガンも認めるところで、留学期間の終了した後も、学部卒業単位の取得と大学院への進学を勧めたといわれている。しかし梅子は、母国での女子高等教育に身を捧げる決意を固め、一八九二年に帰国の途についた。

染色体地図

モーガンは、梅子が残した観察結果を自分の実験観察結果と合わせて「カエル卵の方向性」という題名の学術論文としてまとめ、一八九四年にイギリスの学術誌『季刊微視科学雑誌』にT. H. Morgan and Umé Tsuda の連名で発表した（図17）。

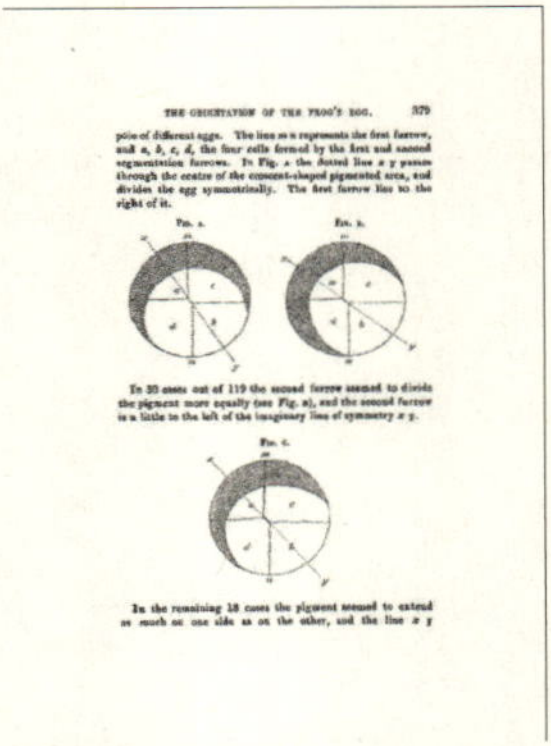
THE ORIENTATION OF THE FROG'S EGG. 379

pole of different eggs. The line m n represents the first furrow, and a, b, c, d, the four cells formed by the first and second segmentation furrows. In Fig. a the dotted line x y passes through the centre of the crescent-shaped pigmented area, and divides the egg symmetrically. The first furrow lies to the right of it.

In 30 cases out of 119 the second furrow seemed to divide the pigment more equally (see Fig. a), and the second furrow is a little to the left of the imaginary line of symmetry x y.

In the remaining 18 cases the pigment seemed to extend as much on one side as on the other, and the line x y

〈図17〉梅子とモーガンの論文の一ページ

なぜ津田梅子の逸話を冒頭で紹介しなければならなかったのか。それは、前章の最後に言及したエボデボこと進化発生学のルーツがここにあるからだ。それは、前述のウィルソンとモーガン、そして梅子との奇縁に始まる。

梅子の若き師モーガンは、一九〇四年にブリンマー・カレッジを離れ、コロンビア大学に移った。これも、ウィルソンの推薦によるものだった。

一足先にコロンビア大学に移籍していたウィルソンの研究室では、一九〇三年に大発見がなされていた。生殖細胞、すなわち精子や卵子がつくられる際は、通常の細胞では対をなしている染色体のうちの片割れ、つまり半数だけが受け渡されることを、大学院生が発見していたのだ。いわゆる減数分裂の発見である。この仕組みを通じて、遺伝を担《にな》う実体は染色体そのもの、あるいはその中にある何かであり、それが世代を超えて受け渡されていくことが明らかにされた。

一方、そもそもモーガンが発生学を志したのは、生物はなぜこれほど多様なのか、ひいては生物はいかにして多様性を進化させたのかという、かつてダーウィンが抱いたのと同じ謎に発生学から迫りたかったことにある。そのためブリンマー・カレッジでは、カエルだけでなくさまざまな生物の発生様式の研究に手を染めていた。

しかし、観察手段が光学顕微鏡くらいしかなかった当時にあっては、発生学の研究は、胚《はい》をひたすら切ったり貼ったりの実験を繰り返すしかなかった。それでは画期的な突破口は望めない。それでもモーガンは初心を忘れることなく、コロンビア大学へ移籍した後にも、学生たちに発生学から遺伝学にまたがる多様な研究テーマを与えていた。

そしてハエ、それもちっぽけなショウジョウバエを用いた実験も開始していた。ショウジョウバエならば、無料で手に入る牛乳瓶で一度にたくさん飼える上に、世代交代も早い。そして、本来は赤眼のショウジョウバエが白眼になる突然変異が一九一〇年に見つかったことをきっかけに、しだいにショウジョウバエ遺伝学の研究に的を絞っていった。

最終的にモーガンとその研究チームは、ショウジョウバエを用いた遺伝の実験により、細胞中の染色体のどの部位が成虫のどの部位の遺伝を決定しているかという「染色体地図」を完成させた。

ウィルソンが発展させた細胞生物学が、モーガンによって遺伝学と融合されたともいえる。モーガンはその業績により、一九三三年にノーベル医学生理学賞を受賞した。ノーベル賞決定の知らせを受けたモーガンが、子どもたちといっしょに写っている有名な写真がある。しかしそれらの子どもたちは、孫でもなければ親戚ですらない。

晴れがましいことを嫌うモーガンは、駆けつけたカメラマンの注文に対して、親戚ですらない近所の子どもたちといっしょの写真撮影だけに応じ、多忙を理由に授賞式への出席も断り、現地での受賞記念講演は翌年の六月に行なった。

（拙著『ＤＮＡの謎に挑む』より）

なんとも鷹揚な時代だった。

ノーベル賞はモーガンの単独受賞だったが、モーガンは賞金を三等分し、教え子で共同研究者でもある二人と分け合った。モーガン門下からその後何人ものノーベル賞受賞者が出たことは、モーガンのそのような人柄と無縁ではないだろう。

八本脚の蝶

モーガンが遺伝学研究のスターダムに押し上げたショウジョウバエは、数ある昆虫グループのなかの双翅目《そうしもく》に属している。文字どおり翅《はね》が二枚しかないグループで、蚊やアブなどもこの仲間である。昆虫といえば翅は四枚というのがふつうだが、双翅目の昆虫は、後翅《こうし》が平均棍《へいきんこん》という、まさに小さな棍棒のようなバランス装置に変形しているのだ。

ショウジョウバエを大量飼育していたモーガン研究室では、四枚翅をもつショウジョウバエの突然変異体を一九一五年に見つけていた。なぜそんなことが起こるのか。

昆虫を含む節足動物の体は、体節と呼ばれる単位の繰り返し構造になっていて、それぞれの体節には、原則として一対の脚（付属肢）が生えている。気が進まないかもしれないが、ムカデを思い出してほしい。ムカデは百足の字を当てるように、俗に一〇〇本の脚があるといわれている。実際の脚の数は種類ごとに異なるが、ムカデも節足動物であり、脚の数は体節構造の規則に従っており、無節操に多いわけではない。ムカデの体は頭と胴体に分かれていて、胴体部分の体節構造の繰り返しが多い分、脚の数が多いのだ。

一方、昆虫の体は頭と胸と腹に分かれていて、翅が四枚で脚が六本ということは小学校で教わる。脚が生えているのは胸の部分だけである。それで脚が三対六本ということは、胸は少なくとも三つの体節からできていると予想できる。事実、昆虫の胸は、前胸、中胸、後胸という三つの体節で構成されている、この三つそれぞれに一対ずつの脚があることから、昆虫の基本は六本脚なのだ。

一方、翅は、ふつうは中胸と後胸に一対ずつ生えることで四枚翅になっている。ところが双翅目のショウジョウバエでは、後胸の翅が平均棍に変形しているため、二枚翅になっている。ならば、四枚翅になった件《くだん》の突然変異体は、平均棍が翅に戻っているのだろうか。

実はそうではない。後胸の代わりに中胸が重複しているのだ。つまり本来なら平均棍が生えるはずの後胸がなく、中胸が二つ繰り返されているのが、四枚翅の突然変異体なのである。

前述したように、昆虫が属する節足動物は、原理的には体節の繰り返しによって体がつくられている。繰り返されている体節は、起源的に同じ構造である。そのような構造、器官を、元は同じだが見た目は異なる器官という意味で相同器官と呼ぶ。ヒトの腕、鳥の翼、クジラの胸びれはみな、同じ前肢が変形した相同器官である。四枚翅のショウジョウバエの突然変異体は、後胸が、相同器官である中胸に置き換わっているのだ。

ちなみに天使の翼と鳥の翼はよく似ているが、天使の翼は腕が変形したものではないため、相同器官ではない。元の起源は異なるが見た目が似ている器官は相似器官と呼ばれる。

それはともかく、相同器官で生じる突然変異はいろいろな種類が知られていて、一般にホメオーシス（相同異質形成）あるいはホメオティック突然変異と呼ばれている。四枚翅になったショウジョウバエのホメオティック突然変異は、中胸が重複しているという意味で双胸系（バイソラックス）突然変異と呼ばれる。

〈図18〉東大寺大仏殿の八本脚の蝶

中胸が繰り返されている証拠は、四枚の翅の形を見ればわかる。ふつう、昆虫の前翅と後翅は形が異なる。そのほうが飛翔力もアップする。ところがバイソラックス突然変異体の翅は、すべて同じ形をしている。

胸の体節の重複によって数が増えるのは翅だけとはかぎらない。奈良東大寺の大仏殿にある、銅製の蓮を挿した巨大な花瓶にとまっている蝶の彫像は、翅は四枚だが、脚はなんと八本に作られている(図18)。実際にそのような蝶がいたのだとしたら、それはおそらく、翅の生えていない前胸が重複したホメオティック突然変異体にちがいない。古《いにしえ》の仏師が、たまたま見つけたホメオティック突然変異の蝶をありがたがり、大仏殿の花瓶にとまらせることにしたという解釈も、無下《むげ》には否定できない。

突然変異を引き起こすたった三つの遺伝子

昆虫やムカデにかぎらず、節足動物はみな、体の基本構造が共通している。極端な話、昆虫はムカデに比べて単に体節の数が減ると同時に一部の体節が変形し、おまけに二つの体節に翅が生えたようなものなのだ。眼や触覚や口器など、頭部の形も異なるが、実のところ昆虫の頭部は何個かの体節が変形して合体したものと考えればわかりやすい。バッタに変身する仮面ライダーの顔で目立つ大あごも、元を正せば一つの体節に一対の規則で生えている付属肢(脚)が変形したものなのだ。触角も、別の一つの体節から生えている一対の付属肢の変形したものである。

同じことはクワガタムシやカブトムシなどの甲虫についても当てはまる。二〇世紀イギリスの進化生物学者で筋金入りの唯物論者だったJ・B・S・ホールデンは、たまたま同席した神学者から、進化学から神の実在に関して何かいえることはあるかと尋ねられた。それに対してホールデンは、「神がもし存在するとしたら、甲虫がよほど好きなのでしょうな」とすかさず答えたというエピソードがある。甲虫類は、ただでさえ種類数が多い昆虫のなかでも特に種類数が多く、しかも形態の多様性が高いことを踏まえた、当意即妙《とういそくみょう》の返答である。

しかしその甲虫もすべての節足動物と同じ規則で体がつくられているのだから、体節の反復様式や付属肢の変形が起こる仕組みがわかれば、節足動物が驚くほど多様な形態を進化させた謎も解けそうなものだ。

この謎に迫ることになった大きな突破口が、双胸系突然変異だった。

モーガンの孫弟子にあたるE・B・ルイスは、気象観測隊員として沖縄で終戦を迎えて大学に復学してから双胸系（bx）突然変異の研究を開始し、三〇年近くをかけてこの突然変異を支配する遺伝子の存在を突き止めた。

それは、中胸より後ろの体節形成を調節する遺伝子グループ（群）の相互作用によるものだったのだ。後に、その遺伝子の数は三つであることが別の研究者によって確認された。この三つの遺伝子のうちのどれか、あるいはそのすべてが突然変異を起こすと、たとえば双胸系突然変異などの異常が生じるのだ。

ルイスが見つけた遺伝子群は、いうなればショウジョウバエの後半身を司る遺伝子群だが、それとは別に前半身を司る別の遺伝子群も見つかった。これは、触角の代わりに脚が生えるというショッキングな突然変異（アンテナペディア突然変異）の解析によって見つかったものだった。

先ほども述べたように、昆虫の体は、基本的に一つの体節に一対の付属肢が生えている。それぞれの体節にどういう付属肢が生えるか（あるいは部位によっては生えないか）は、その体節の位置によって決まっている。

アンテナペディア突然変異は、その位置情報が狂ってしまったために、ほんとうならば触角が生える場所に脚が生えてしまうのだ。その原因となる遺伝子群は五個の遺伝子で構成されていて、胸部の三体節と頭部の体節の発生を調節する遺伝子群である。五個の遺伝子のうちのどれか、あるいはいくつかが突然変異を起こすと、頭部と胸部に異常が生じる。現在、この五個の遺伝子群と三個の遺伝子からなる双胸系遺伝子群は、まとめてホメオティック遺伝子と呼ばれている。

共通の祖先から受け継がれるホメオボックス

ここまで遺伝子という用語を説明もなしに用いてきたが、実をいうと、「遺伝子」という用語ほど定義のしにくいものはない。エンドウ豆の「しわくちゃ豆遺伝子」などという使い方から、なにやら粒子状のもの、たとえるなら物理学でいう素粒子のようなものを連想しがちだが、その正体は粒子とはほど遠い。

遺伝子とは、ＡＧＣＴという四種類の塩基の配列によって構成されているＤＮＡ（デオキシリボ核酸）において、何らかの機能を担っている区画にあたる。したがって遺伝子を特定するとは、その区画の塩基配列を明らかにし、その機能を突き止めることにほかならない。

そこでアメリカとスイスの研究チームが八種類のホメオティック遺伝子の塩基配列を解析したところ、驚いたことにいずれの遺伝子からも、塩基がほとんど同じ並び方をしている領域が見つかった。

ということはおそらく、もともとは一種類だった遺伝子が、塩基配列のほんの一部だけを変えたかたちで使い回されていたのだ。そのような遺伝子は、現在の機能はちがうがもともとは同じ遺伝子だったという意味で相同遺伝子と呼ばれる。

これはまるで、秘密の暗号を解くためのマスターキーとなるカセットボックスが見つかったようなものだ。見つかった共通領域はホメオボックスと命名された。

動物の複雑な体も、元を正せば一個の受精卵から始まる。一個の細胞が分裂し、さまざまな器官に分化することで、われわれの体は作られているのだ。どの細胞がどの器官になるかは遺伝子によって決められている。ところが、どの細胞もみな、細胞核に収められているDNA、つまり遺伝子のセット（これをゲノムという）は同じである。それなのにそれぞれ異なる器官に分化していくのは、なんとも不思議な話だ。

この謎を理解するには、遺伝子には種類が大きく分けて二つあると考えればいい。一つは、細胞の形を決める構造遺伝子。もう一つは、構造遺伝子のスイッチを入れたり切ったりする調節遺伝子。構造遺伝子はピアノの鍵盤で、調節遺伝子はピアニストの指と考えてもいい。基本的にはどんな音でも出せるのだが、あらかじめ用意された楽譜によって、実際に奏でられる音は決まってくる。

そうなると、生物の形作りで問題となるのは、構造遺伝子のスイッチを入れていく順番の指令、つまり楽譜である。ショウジョウバエを材料に、この仕組みを初めて解き明かしたのも、モーガン学派に連なる研究者だった。

遺伝子が指定している遺伝暗号は、塩基の並び方によってコード化されている。遺伝子のスイッチがオンになるとは、その遺伝暗号が翻訳されて特定のタンパク質がつくられることを意味する。そしてそのタンパク質は、さらに別の遺伝子のスイッチをオンにして、さらにまた別のタンパク質に翻訳されるということが、細胞の中で繰り返されていく。

ショウジョウバエの体節構造も、そうした鍵を握るタンパク質の濃度勾配によって連鎖反応的、たとえるなら将棋倒し的に作られていく。同じ遺伝子セットをもつ細胞なのに、個体発生の過程で体の部位ごとに異なる器官になっていくのは、この仕組みによるものだったのだ。

この仕組みを解明した二人の研究者と、先のルイスは、モーガンの死から半世紀を経た一九九五年にノーベル医学生理学賞に輝いた。生物の発生を遺伝子の言葉で語ることが、モーガンの果たせぬ夢だった。その夢が、津田梅子に端を発するモーガン学派に連なる人たちによってついにかなえられたのだ。

その後、秘密の鍵を握る塩基の共通配列であるホメオボックスをもつ遺伝子は、ショウジョウバエと同じ他の節足動物だけでなく、魚、両生類、鳥類、哺乳類とさまざまな動物グループで発見された。プラナリアやウニ、線虫、そして植物でも見つかっている。つまりこのマスターキーは、多くの生物の共通祖先から伝えられてきたものだったのだ。

進化はありあわせの材料の使い回しである

さてそこで、カンブリア紀の爆発で多様な生物が突如として登場した謎に立ち返るとしよう。奇怪な形態をしたその多くは、多様な装飾を施されてはいるが節足動物である。したがってその形態形成には、件のホメオボックスをもつ遺伝子が関与していたはずである。

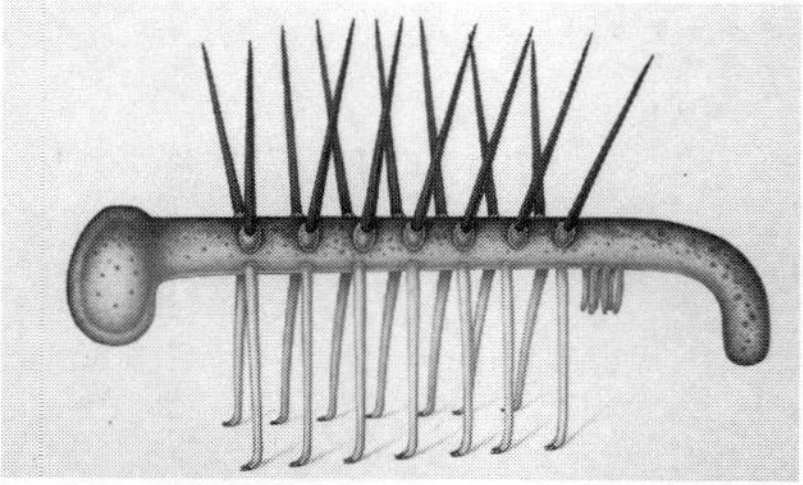

〈図19〉ハルキゲニアの正しい復元図：長い棘（とげ）と柔らかな脚を７対ずつ持つ。頭部は大きく膨らみ、長い胴体の先端に肛門がある
illustration：Richard Tibbitts & Evi Antoniou Tibbitts、生命の海科学館

ハルキゲニアは、バージェス動物中最大の謎といわれた動物である（図19）。なにしろ最初に復元された時点では、一列に並ぶ脚しかなく、おまけに頭と尻尾の区別もつかない異様な動物として描かれていたのだ。まるで悪夢か幻覚（ハルシネーション）のようだということでつけられた名前がハルキゲニア（ラテン語名を英語風に読むとハルシジーニア）だった。

ところがその後、ハルキゲニアの当初の復元は上下が逆で、脚もちゃんと二列に並んでいたことがわかり、現生生物との類縁としては、カギムシとも呼ばれる有爪《ゆうそう》類の仲間ということになった。カギムシは、生きている化石とも、昆虫とクモの仲間をつなぐミッシングリンク（失われた環）とも呼ばれるグループである。

そのカギムシの遺伝子を解析したところ、やはり体節形成に関わるホメオティック遺伝子が見つかった。バージェスの奇妙奇天烈な動物たちも、遺伝子による形作りのレベルでは、さほど例外的ではなかったらしい。

それでも、よく似た遺伝子に制御されているにもかかわらず、生物の形がこれほど多様なのはなぜかという疑問は残る。その疑問を解く鍵は、遺伝子の重複という現象にある。

一セットのホメオティック遺伝子に注目すると、節足動物では一組だったセットが、脊椎動物が進化する過程で何回か重複されていったことがわかる。脊椎動物の祖先に近いといわれるナメクジウオでは一セットだが、ヤツメウナギやサメでは二ないし三セット以上、硬骨魚類（マグロやタイ）では五～七セット、四足類（両生類・爬虫類・鳥類・哺乳類）では四セットある。

もっとも、ホメオティック遺伝子に限らず、多様な生物で共通する遺伝子はほかにもたくさんある。そこから読み取れるメッセージは、進化とはありあわせの材料の使い回しに似ているということだろう。

フランスの分子生物学者フランシス・ジャコブは、それを「進化のブリコラージュ（器用仕事）」と呼んだ。ちなみにジャコブの僚友ジャック・モノは、「大腸菌がわかればゾウもわかる」といい放った。いずれも一面の真理をいい当てたエスプリのきいた寸言だ。しかし、それですべてがいい表わされているわけではない。

なるほど、すべての生物の形態は、根本のところでは大腸菌と共通の言語で縛られているかもしれない。しかし、どういう生物が自然界というジグソーパズルのどこに収まるかを決めるのは遺伝子の言葉だけではないはずだ。進化劇が進行する生態劇場では思わぬハプニングも起こる。それが進化の方向を左右してきた。

生物学者にならなかった津田梅子の人生がまさにそうだったように。

第6章 メダカの学校

——魚類の登場

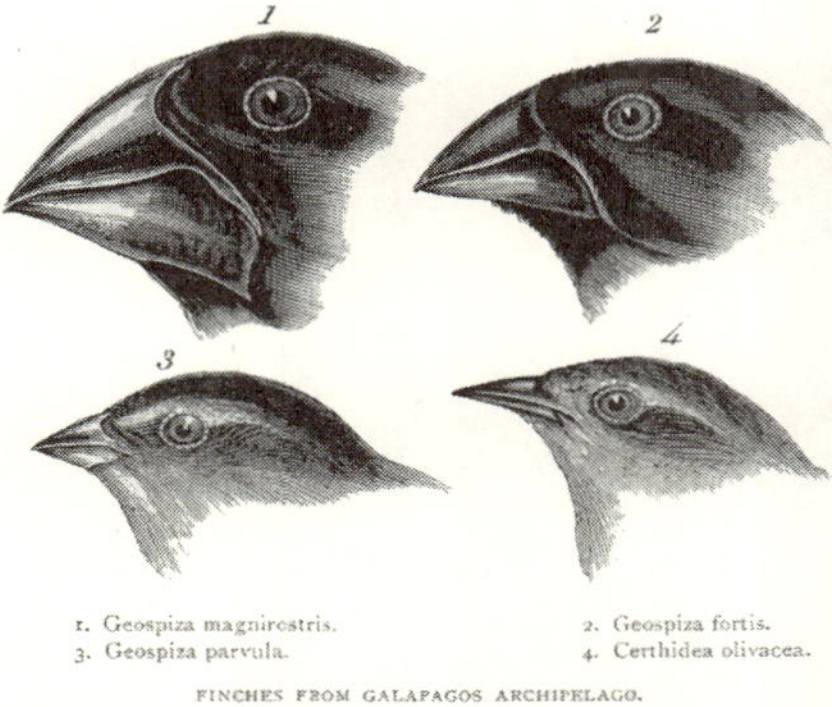

『ビーグル号航海記』に掲載されている、それぞれくちばしの形が違うフィンチ

化石が語る

奇妙奇天烈な動物がそろっているバージェス動物群をめぐるドラマを描いたスティーヴン・ジェイ・グールドの『ワンダフル・ライフ』の真の主役は、正体不明のハルキゲニアでも五つ眼のオパビニアでも、当時最大の肉食動物アノマロカリスでもない。ナメクジのようなピカイアだった。

なぜならば、それこそがわれわれ脊椎動物の太祖であり、ピカイアが子孫を残してくれたおかげで、われわれは今ここにこうして存在しているというのがグールドの気宇壮大なメッセージだったからだ（序章参照）。

ところがその後、中国雲南省の、バージェスよりもさらに古い時代の岩から、ピカイアよりもっと脊椎動物らしい動物の化石が見つかった。しかもそれは、すでに魚にまで進化していたらしい。

金魚鉢の不思議

ぼくの年来の夢は、火鉢に水を張り、そこでメダカを飼うことだった。それは、火鉢の中に一つの小世界をもつような気分にさせてくれるにちがいない。ずっとそう思っていた。

そしてついに、園芸店で火鉢ならぬスイレン鉢なるものを見つけたのを機に、年来の夢を実現させることにした。

ところが、実現してみると予想外の不満も生じた。スイレン鉢は、真上からしかのぞき込めない。しかも、水面の大半はスイレンの葉が覆ってしまっている。水槽は、横から見られるからこそ楽しい。ところが鉢では、歌の文句ではないが、そっとのぞき込むしかない。

もっとも、メダカは意外と屈託がない。一瞬だけは人影を見て身を隠すが、すぐにまたちょこまかと泳ぎ出して姿を見せる。そしてぼくと目を合わせることになる。まさに目が合うのだ。なぜなら、メダカの大きな眼は頭の上の方についていて、いつも水面を見上げているからである。そもそもメダカ（目高）という名前の由来からして、大きな眼が高いところについているという意味だというではないか。

メダカの眼はなぜ上のほうについているのか。それは、水面に浮かぶ食物を見つけて食べるために好都合だからである。そのため、水面近くを泳ぎ回るし、口も上向きである。つまり、行動習性も形態も水面指向なのだ。

メダカは、ダツやサヨリに近いグループとされている。そういわれれば、メダカをぐんと伸ばして拡大し、下あごを長く尖らせれば、サヨリに似ていなくもない。メダカの直系の祖先も、おそらくそんな姿だったのだろう。そして現在の姿は、小川や水たまりの水面近くで生活し、ボウフラやミジンコなどを食べて生活するという目的にかなった進化の結果といえる。

これを生態劇場という比喩で表現するなら、自然界には水面付近に「メダカ」という配役、すなわち生態的地位があることになる。メダカがすんでいるのは日本、朝鮮半島、台湾、中国大陸東部という極東地域である。アメリカ大陸の水面付近では、グッピーやカダヤシが「メダカ」の役を演じている。

長い首は何のため

先ほど、「水面に浮かぶ食物を見つけて食べるため」にメダカの眼は上のほうについている、という書き方をした。これは、いわゆる目的論的な表現である。古来、多くの進化論批判、自然淘汰説批判の矛先が、この目的論的ない い回しに向けられてきた。キリンの首が長いのは、高い梢《こずえ》の葉を食べるため、という言い方も目的論的な表現である。

目的論的な表現は、レトリックとしては有効だが誤解を招きやすい。生物の進化は、決して合目的に進むわけではないからだ。結果的に、生存繁殖という目的にかなった形態や習性を身につけていたから生き残ったのであって、そうでなかったとしたら滅びるしかなかったのである。

たとえばキリンの首が長いのは、あくまでも、高木の葉を食べるという、自然界の中での生き方と居場所、すなわちそういう生態的地位にぴたりとはまった結果である。

首の長いキリンは唐突に出現したわけではない。キリンはウシ科に属し、その祖先は今もアフリカ、コンゴの密林でひっそりと暮らしているオカピに近いといわれている。オカピの首もまあまあ長いが、それをさらに長くすれば、まさにキリンになる。

アフリカにサバンナが広がったことで、その草原で植物を食べるためのさまざまな生き方が出現した。サバンナの多様な生態的地位を埋めるかたちで、ウシ科の動物はさまざまな種類に分かれる。密林を出てその一隅《いちぐう》を占めたのがキリンだったのだ。

キリンは、アカシアの木の、高さ三〜五メートルの梢に茂っている葉を食べている。しかも、雄と雌、そして子どもで、背の高さの違いに応じて葉を食べる梢の高さを使い分けている。これは食い分けであり、採食場所ですみ分けているという言い方もできる。

一方、同じアカシアの葉でも、高さ二メートル前後の枝に茂っている葉をもっぱら食べるという生態的地位を占めている動物もいる。同じウシ科のレイヨウ類ジェレヌクがそれ。ジエレヌクは首が細長いだけでなく、後ろ脚で立ち上がることができるため、首が二メートルの高さまで届くのだ。ジェレヌクという名は、ゾマリ語でまさに「キリンの首」という意味だという。

かのダーウィンは、キリンの首には言及していないが、『種の起源』の中でキリンの尻尾について言及している。

キリンの尻尾は人工のハエたたきに似ている。キリンの尻尾は、ハエを追い払うという瑣末な目的を果たすために、少しずつよりよい形状へとわずかな変更を代々積み重ねた結果として現在の目的に適応したと言えるのだろうか。そんなことは、すぐには信じがたいことに思える。しかしこの場合も、断定的な態度をとることをいったん控えたほうがよい。なぜならたとえば南アメリカでは、ウシなどの動物の分布と生存は、昆虫の攻撃に対する抵抗力に完全に左右されることが知られているからだ。つまり、何らかの方法で小さな敵から自分の身を守れる個体は新しい草地に分布を広げることができ、そこで大きな利益を享受できるのだ。大型哺乳類がハエによって（まれな例を除けば）実際に殺されてしまうというわけではない。しかし、絶えずハエに悩まされることで体力を消耗させれば、病気にかかりやすくなったり、食物の乏しい時期に食べ物を見つけられなくなったり、敵に捕まりやすくなったりする。

（『種の起源』第6章より）

「ハエたたき」たる尻尾には、単なる体力低下を防止する以上の効用があることが、後に判明している。ツェツェバエが、いわゆる「眠り病」（ウシではナガナ病という）を媒介するからだ。ちなみにツェツェバエがこの病気を媒介することが発見されたのは、ダーウィン没後の一八九五年であり、ダーウィンは知るよしもなかった。また、オカピが発見されたのも一九〇一年のことだった。

この二つの事実をダーウィンが知ったとしたら、きっと小躍りして喜んだことだろう。なぜなら、このキリンの尻尾の例は、一見些末《さまつ》な形質でも、生存にとって有利ならば自然淘汰の作用によって進化する例としてあげられているものであり、その説得力がなおいっそう増したはずだからである。

また、キリンの祖先種に近いオカピの存在は、生物種は変わるということ、しかもその変わり方は新しい生態的地位への進出を伴う場合が多いことの好例である。

脊索の長さで判明した人類の祖先

そういえば、メダカはなぜメダカなのかという話だった。メダカはもちろん魚類の一種だが、そもそも魚類の起源は、前述したようにカンブリア紀の爆発的進化まで遡《さかのぼ》る。

ここからは、遺伝学の話ではなく形態学という、かの文豪ゲーテも愛した学問分野の話になる。まずはピカイアの形態から。

ピカイアには背骨がない。かといって無脊椎《むせきつい》動物ともいいがたい。脊椎の祖型とされる脊《せき》索《さく》があるため、脊索動物という大きなグループに入れられる。

脊索動物は脊椎動物と原索《げんさく》動物を含んでいる。脊椎動物は、いわゆる背骨をもつ動物であり、魚類、両生類、爬虫類、鳥類、哺乳類である。一方の聞き慣れない原索動物としては、たとえばホヤ（図20）がその一員である。

ホヤを漢字で書くと「海鞘」で、その姿を知る人には、あの革のような体をうまくいい当てた当て字として納得できるだろう。ただしこのどこが脊索動物なのか不思議に思うかもしれない。じつは、ホヤは変態をする動物で、幼生時代はオタマジャクシのような格好で泳ぎ回る。それが成体に変態する際に岩や船などに固着して、あの固い袋のような姿になるのだ。

もう一つ、原索動物の代表がナメクジウオ（図21）である。ナメクジウオは日本の海岸にも生息しており、どこかしら件《くだん》のピカイアに似ている。さらには、ダーウィンの好敵手だったイギリスの動物学者リチャード・オーエンは、すべての脊椎動物の原型（プロトタイプ）として、ナメクジウオそっくりの動物（図22）を想定した。それが、無脊椎動物と脊椎動物をつなぐ祖型だというのだ。

では、ナメクジウオとホヤの幼生はどこが違うのか。簡単にいうと、脊索の長さが違う。ナメクジウオは、脊索が先端部から尾の先まで延びている。それに対してホヤの幼生は、尾の部分にしか脊索がない。そこで、脊索動物の中で進化した順番はどうかが問題になるわけだが、脊索の完成度からいって、ホヤの仲間→ナメクジウオの仲間→魚の仲間（脊椎動物）であると、長らく考えられてきた。

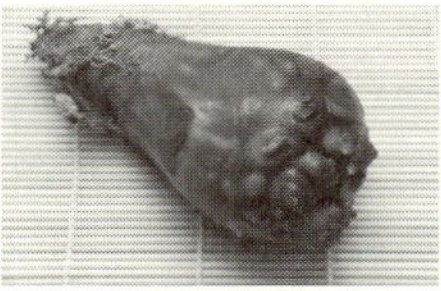
〈図20〉ホヤ

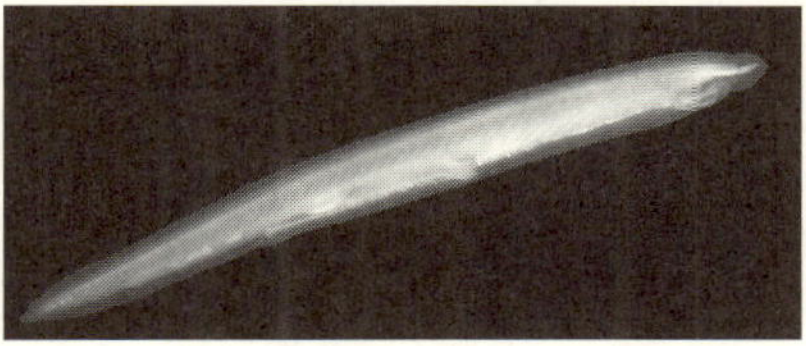
〈図21〉ナメクジウオ

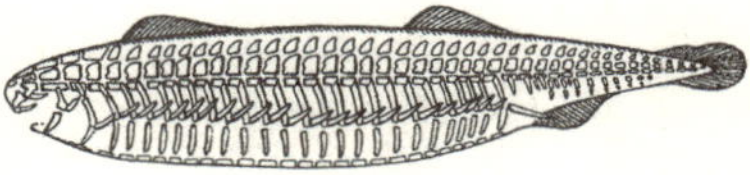
〈図22〉リチャード・オーエンが考えた脊椎動物の原型

ところが、京都大学の佐藤矩行《さとうのりゆき》教授の研究グループが二〇〇八年に発表した研究成果により、脊索動物の大本《おおもと》はホヤの仲間ではなく、ナメクジウオの仲間であることが判明した。両者の全ゲノム（遺伝子情報の一セット）を解析した結果、ホヤの仲間よりもナメクジウオの仲間のほうが起源が古く、脊椎動物の直接の祖先はナメクジウオの仲間であり、ホヤの仲間は、脊椎動物が進化する途中でわき道にそれたグループであることがわかったのだ。

ということは、ヒトは、ナメクジウオの仲間の子孫ではあるが、従来の考えとは違い、ホヤの子孫ではないことになる。まあいずれにしろ、あのホヤがぼくらの直系の祖先でなくなったことを、まさか、悲しむ人がいるとは思えない。

最古の魚に顎はなかった

さてそれでは、ピカイア（図23）の位置づけはどうなるのか。じつは、ナメクジウオは頭があまり発達していない。それに対してピカイアは、先端に触角らしきものまであり、ナメクジウオよりは進化していたようだ。だとすれば、脊索動物の祖型すなわちナメクジウオの仲間が進化したのは、バージェス動物よりもさらに前ということになる。

バージェス動物が見つかる化石層であるバージェス頁岩《けつがん》より一五〇〇万〜二〇〇〇万年も

古い化石層が、中国雲南省で見つかっている。じつはそこから、冒頭で触れたように、ピカイアよりもさらに魚に近い動物の化石が見つかっている。それを見つけた中国の科学者は、実際にこれらを魚の仲間だと主張し、ハイコウイクチスとジョンジャンイクチスという学名を付けている。イクチスとは、ラテン語で魚を意味する言葉である。

この二種類の魚は、無顎《むがく》類だという。読んで字のごとく、あごのない魚という意味である。あごのない魚とは聞いてびっくりだが、じつは今でもあごのない魚がいる。ヤツメウナギである。ヤツメウナギにも口はある。ただしその口は吸盤になっていて、それで他の魚に吸い付き、歯を突き立てて、肉を食べたり吸血したりする。つまり、口はあるがあごはないということなのだ。

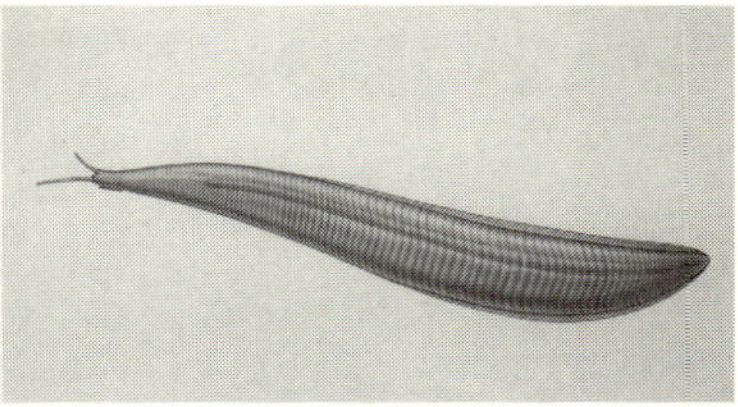
〈図23〉ピカイア（復元図、再録）
illustration：Richard Tibbitts & Evi Antoniou Tibbitts、生命の海科学館

無顎類は最古の魚類で、カンブリア紀（五億四二〇〇万〜四億八八〇〇万年前）の終わりに登場したと、かつてはいわれていた。しかしハイコウイクチスとジョンジャンイクチスの発見で、その起源は一気に三〇〇〇万〜四〇〇〇万年近くも遡ったことになる。

「魚類」は地球上に存在しない

魚に対する一般的なイメージは、マグロやタイであり、サメだろうか。それらの特徴をまとめるなら、水中生活をし、えらで呼吸し、ひれをもつ脊椎動物ということになる。ヤツメウナギもこの特徴を共有している。

もっとも、全体の特徴はそうだとしても、たとえば熱帯のサンゴ礁を見れば、そこにはじつにさまざまな色や形をした魚が泳いでいる。地球は水惑星で、表面のおよそ七割が海である。おまけに、それ以外にも淡水域がある。それを考えれば、多種多様な魚類がいて当然かもしれない。しかもその起源は、カンブリア紀初期、ひょっとしたらそれ以前にまで遡る可能性が浮上したわけであり、進化にはたっぷりの時間をかけられたはずなのだ。

ただし、興ざめ的な情報もつけ足しておくべきだろう。それは、いわゆる「魚類」という動物グループは存在しないということだ。この事実を初めて知ったとき、正直な話ぼくも驚き、目から鱗とはこのことかと実感した。

それを説明するには教科書的な説明をしなければならない。ぼくらはふだん何気なく哺乳類とか鳥類という言い方をしている。これは、分類学的なグループ分けに対応した呼び方である。すなわち、哺乳類は哺乳綱《こう》、鳥類は鳥綱というグループに属しており、それらを「類」という総称で呼んでいるのだ。では、「綱」とはどれくらい大きなグループなのか。

生物の大まかな分類は、小さなグループからいうと、種、属、科、目、綱、門、界という階層構造をなしている。ヒトでいえば、動物界の中の脊索動物門、哺乳綱、霊長目、ヒト科、ヒト属、ヒト（種）となる。つまり「綱」は三番目に大きなグループなのだ。そこで、哺乳綱を哺乳類、鳥綱を鳥類と呼ぶように、綱というグループを○○類と呼ぶとすれば、魚類というグループは存在しないことになる。なぜなら、そもそも魚綱というグループが存在しないからである。

では、ぼくらが「魚類」と呼んでいる魚たちは何者なのか。

そのほとんどは、軟骨魚綱（類）と硬骨魚綱（類）に属している。軟骨魚類とは、サメ軟骨が喧伝されているように、サメやエイの仲間であり、硬骨魚類は、文字通り硬い骨をもつタイやヒラメといった、いわゆる魚である。メダカも立派な硬骨魚類だ。

それ以外に「魚類」に含まれる存在としては、ヤツメウナギが属する無顎綱（類）と棘《きょく》魚《ぎょ》綱（類）と板皮《はんぴ》綱（類）がある。以上五つの綱（類）が、一般に「魚類」（分類学的にいうと、綱と門のあいだのサブグループにあたる魚類上綱）と総称される対象である。ただし、ヤツメウナギとヌタウナギの仲間を除き、無顎類の大半は絶滅しており、おまけに棘魚類と板皮類にいたっては、もはや一種たりともこの世に存在していない。すべてが絶滅種なのだ。

棘魚類、板皮類と聞くと、名前からしていかめしい魚たちが想像される。たしかに、棘魚類は鋭い背びれなどをもっていたし、板皮類は硬い甲板で覆われていた。棘魚類は硬骨魚類の祖先、板皮類は軟骨魚類の祖先という説もある。

棘魚類や板皮類は無顎類から進化したと考えられるが、そのためには大きな飛躍が必要だった。そう、あごの進化である。そのあごは、いかにして獲得されたのだろう。考えてみれば、魚から進化した両生類以降の動物はみな、あごをもっている。あごがなければ、食物を嚙み砕くこともできない。ヒトにしても、あごがなかったとしたら、声は出せても言葉を発することはできなかっただろう。これはまさしく大きな飛躍だった。

えらがなければ顎はなかった

しかし、実際にはこの場合も、進化の一大原則である使い回しの原理、フランシス・ジャコブのいう「進化のブリコラージュ（器用仕事）」の原理が当てはまる。あごは、えらが変形したものなのだ。

理化学研究所の倉谷《くらたに》滋《しげる》博士は、カワヤツメというヤツメウナギの一種を用いてあごの進化を研究している。その研究によれば、あごは、えらを支えていた骨の一部が変形したものなのだ。いや、そもそもヤツメウナギの口も、えらを支えていた骨が変形したものだった。その骨がさらに変形し、上下に開く関節が形成された結果、あごが獲得されたらしい。

哺乳類の胎児（胚《はい》）は、発生が進む過程で魚そっくり（厳密にいうと成魚ではなく魚の胚そっくり）の発生段階を経由する。その段階の胎児には、えらそっくりの切れ目まで入っている。ぼくらの体には、太古の記憶が刻印されているのだ。しかし哺乳類の胎児は、懐古趣味にふけることなく、魚の発生段階を踏み越して、さらなる発生を遂げる。

＊　＊　＊

里山を流れる小川は、田舎育ちにとっては懐古の念を起こさせる原風景だ。そんな小川をのぞき込めば、水面近くにはメダカがいて、中層にはフナがいるし、川底にはドジョウがいる。逆の言い方をするならば、体の構造や習性からして、メダカが川底で食べ物をあさることはできないし、ドジョウが水面で採食することもない。それぞれが自分の生態的地位を占めているのだ。

生態的地位（ニッチ）という考え方は、サンゴ礁を思い浮かべれば、よりいっそうイメージしやすいかもしれない。そこには色とりどりの熱帯魚が泳いでいるが、よく見ると漫然と泳いでいるわけではない。それは、ダイバーの影に驚いて逃げ込む場所を見ればよくわかる。それぞれ、自分にあった逃げ場所、隙間（ニッチ）の大きさを心得ている。クマノミに至っては、なんとイソギンチャクをすみかにしている。

サンゴ礁は、一見すると豊かな場所に見えるが、海水はどちらかといえば貧栄養であり、とても競争の激しい場所である。そこでジェネラリストとして生きていくのは難しい。したがってみな、それぞれスペシャリストとしての技を磨いている。多様なニッチに適応するかたちで、多様な魚種が進化しているのだ。そのほかにも、サンゴはもちろん、イソギンチャク、ヒトデ、エビ、カイメン等々、多様な動物がサンゴ礁という生態系を織り成している。

メダカを入れたスイレン鉢を覗いていて、別の発見もした。メダカの学校は決して仲良しではないということだ。鉢が狭いせいもあるのかもしれないが、どうやら個体間にはそれなりの順位があるようだ。それも自然の摂理なのだろう。

第7章 とても長い腕

――体内に刻まれる歴史

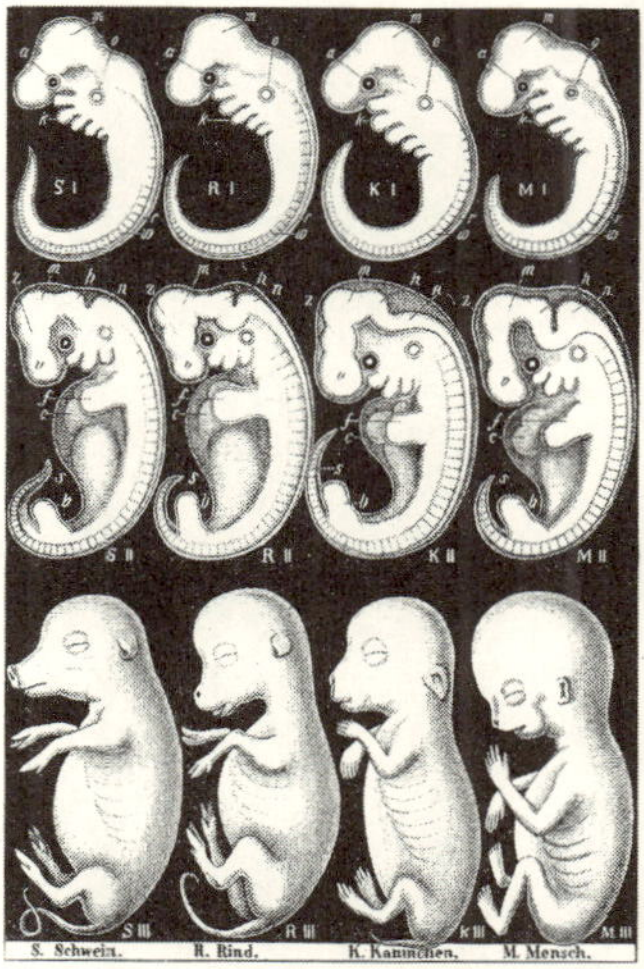

ブタ、ウシ、ウサギ、ヒトの胚の発達過程の比較（ヘッケル画）

Ann Ronan Picture Library / Heritage-Images

記憶違い

年を重ねることに伴う悲しみの一つは、記憶力の減退だろう。記憶をなくすことが悲しいわけではない。すっかり忘れてしまうならまだましかもしれない、少なくとも本人にとっては。困るのは、覚えていたはずのことを思い出せないこと。その典型が人の名前やモノの名前で、かくして中年を過ぎた同輩同士の会話では、アレとかソレなどの指示代名詞が飛び交うことになる。その一方で、思い出したくない記憶がときどきふいに浮上する。人生はままならないものだ。

それと、思い出の事実関係があやふやになるのも悲しいことの一つ。たとえば原稿を書くたびに、この話はどこかで書いたのではないかという不安に駆られる始末。脳の神経細胞のどこかで、記憶の痕跡《こんせき》と、書きたいアイデアとの混濁が起きているのかもしれない。

脳の中に記憶がどのように保存されているのかはまだわかっていない。いずれにしろそれは、個々人が生まれてから過ごしてきた人生の中で蓄積した記憶である。一方、人の体には、進化という事実を裏づける記憶が痕跡器官という形で残されている。こちらは個人ではなく、人類が歩んできた旅の途上で蓄積した、人類全体としての記憶といえる。

ヒトと魚はなぜ似ている？

ダーウィンと知己《ちき》だったイギリスの比較解剖学者リチャード・オーエンは、すべての脊椎動物のプロトタイプすなわち原型なるものを想定した（それがナメクジウオに似た動物を想定していたことは前章で述べたとおり）。

オーエンは、万物は神が創造したと頑《かたく》なに唱えるガチガチの創造論者ではなかったが、かといって素直な進化論者でもなかった。この世には神がデザインした生物の理想型すなわち原型が何タイプかあり、現実の生物は、ある意味でその変奏にすぎないと考えていたのだ。

オーエンの原型論は、キリスト教の教義と、この世には理想的な存在形態である「イデア」があるとする新プラトン主義との折衷《せっちゅう》案ともいえる考え方だった。そこには、ロマン主義生物学とも呼ばれるドイツ観念論的生物学の影響もあった。

それはともかく、慧眼《けいがん》の比較解剖学者だったオーエンは、たとえばヒトと魚の体に多くの共通点があることに思い悩んだはずである。そこでたどり着いた結論が、脊椎動物には原型があるという考え方だった。魚とヒトが同じ原型を基にして創られた存在だとしてみれば、共通する形質をもっていることの説明がつくからだ。

しかし、そんな苦肉の策を弄さなくても、「ヒトの中の魚」問題を一気に解決する策があ

〈図24〉自然史博物館の柱の陰に追いやられる前のオーエン像（右）
〈図25〉カフェテリアにあったダーウィンの座像と筆者（左）

った。ダーウィンが育んでいた進化論という考え方である。

ビーグル号による世界周航から帰還したダーウィンは、当時、王立外科医師会付属ハンター博物館の教授に就任したばかりだった五歳年上のオーエンの元に足繁く通っていた。南アメリカで発掘した巨大な哺乳類化石の調査をオーエンに依頼していたのだ。

オーエンの研究はすばらしかった。ダーウィンが持ち込んだ巨大な絶滅動物の類縁関係を次々に明かしていったのだ。そのなかには、絶滅した巨大なアルマジロの化石や、ラクダの仲間にあたるリャマの化石などがあった。

その後オーエンは、大英博物館から自然史部門を独立させて自然史博物館を創設する。そして、自然淘汰《とうた》説による生物の進化を唱えるダーウィンの論敵となった。

ロンドンの一等地サウスケンジントンにそびえる大英

自然史博物館は、今や生物の進化と多様性を学ぶための殿堂である。その一階ロビー奥には、創立者であるオーエンの銅像（図24）が、正面入り口から入ってくる入館者を見下ろす位置に、ちょっと前まで君臨していた。

じつは、ダーウィン生誕二〇〇年、『種の起源』出版一五〇年を翌年にひかえた二〇〇八年、オーエン像は柱の陰にしまい込まれ、それに代わって、それまで地下のカフェテリアに置かれていたダーウィンの座像（図25）がすえられたのだ。皮肉な立場逆転である。

睾丸のデザインに残されたへま

オーエンが提唱した重要な概念の一つに「相同《そうどう》」という考え方がある。すでに何度か登場したが、原型なるものを想定した上で、生物どうしの形態比較において解剖学的、発生学的に見て同一の器官を相同器官と呼ぼうというのだ。これをダーウィンの進化論に照らせば、それは進化的な起源を同じくする器官にほかならない。原型を想定するより、こちらの解釈のほうがはるかに単純で無理がない。

たとえば、鳥とコウモリの翼が相同器官である。「飛ぶためという機能も同じだし、骨の構造もそっくりである。それに対して、昆虫の翅《はね》は、「飛ぶためという機能は同じだが、起源はもちろん構造も異なっている。したがって鳥の翼の相同器官とは呼べない。

相同器官でも、進化の結果として見かけが著しく異なる器官もある。鳥とコウモリの翼とヒトの腕は、一見しただけでは同じ器官には見えない。しかし骨の構造はまったく同じであり、これも相同器官なのだ。

相同器官は進化上の起源を同じくしているという刻印である。だから、魚の体に習熟すればヒトの体のことも見えてくる。その証拠に、脊椎動物を専門とする古生物学者が医学部で人体解剖を教えている例が稀ではない。そういえばオーエンも、もともとは外科医だった。

現在はシカゴ大学で古生物学と進化発生学を研究しているニール・シュービン教授も、かつては医大の解剖学教室で教えていた。そのとき以来彼は、人体と魚との不思議な縁《えにし》に注目してきた。

シュービンの講演を聴いたことがあるが、いちばん印象的だったスライドは、左にアインシュタインが立ち、右に直立したシーラカンスの写真を対置させた絵柄だった。そして進化の不思議な綾を示す例として、シュービンはヒトの睾丸《こうがん》について語った。

睾丸は精子を製造する器官であり、一般には精巣《せいそう》と呼ばれる。魚、たとえばサメの精巣は、尾の付け根から胸部の心臓付近にまで達する細長い器官である。いうなれば、「睾丸」が胸からおしりまで伸びているのだ。それが、ヒトの睾丸の相同器官にあたる。

ではなぜ哺乳類の精巣は、球形に収縮し、体外にぶら下がる格好になったのだろうか。それは、温血動物となる過程で、精巣を冷却装置でくるむ必要が生じたことにあるのかもしれない。

精子は高温にも低温にも弱い。そこで、精子が温まりすぎるのを防ぐために精巣を体外に出す必要が生じた。しかし気温が低いときには体温で保温する必要もある。そこで袋（陰《いん》嚢《のう》）に収納し、寒いときには袋を収縮させて体内近くに引っ張り上げるという温度調節機能を進化させたのだろう。

こう説明すると、あたかも神がデザインした精緻な温度調節装置であるかのように思える。ところが、進化は往々にしてやっつけ仕事のブリコラージュである（第5章参照）。神による造作とは決して思えないへまが残されていたりする。鼠径《そけい》ヘルニアを起こす原因もその一つ。精巣すなわち睾丸が体外に出たためにできた穴から腸などの内臓が押し出されてしまうのが鼠径ヘルニアなのだ。

器用に繰り返される系統発生

進化は、精巣を体外に出すにあたって苦肉の策を弄している。生物が進化の過程でたどった経路（これを「系統発生」と呼ぶ）は、個体が受精卵から発生する経路（これを「個体発生」と呼ぶ）にある程度刻印されている。たとえば、脊椎動物のあごが、あごのなかった魚（無顎類《むがくるい》）のえらを支える骨から生じた経路が、哺乳類の胎児の発生過程で大まかに繰り返されるのがそれだ。

人体における精巣の発生も、系統発生を踏襲する。精巣は、前述したようにそもそも魚段階では体内深くに位置していた。それが進化の過程を経る中でどんどん下降し、骨盤を通り抜け、ついには体外に出て睾丸となっていく（女性の卵巣も発生の過程で体内を下降するが、骨盤の中で踏みとどまる）。

しかしそのあおりを食うように、精子をペニスまで輸送するための管（精管）も、下降する精巣に付き従って伸ばしていかざるをえない。その結果、体外に垂れ下がった睾丸から伸びている精管を逆にたどると、いったん体の奥に向かって上昇し、骨盤を通り抜けた段階でぐるりと反転して下降し、前立腺へとつながっている。そこから尿道と合流し、ペニスへと至るのだ。

優秀なエンジニアなら、こんな遠回りな装置は決して設計しないはずだ。そしてこの不出来《ふでき》を合理的に理解するには、進化という事実を認めるしかない。つまりぼくらの体は、必ずしも魚よりも優れたデザインではないということを認めないわけにいかない。

これが、ダーウィンがパンドラの箱を開けてしまった因果である。オーエンが、なんとかしてその蓋を開けまいと必死で抵抗した気持ちもわかる。だが、賽《さい》は投げられ、蓋は開け放たれた。この過去は、誰にも作り変えようがない。

だが、精巣冷却のためのやっつけ仕事として出現した睾丸であっても、種族繁栄において不利益を生じてはいない。しかも進化のいたずらは、本来の目的とは異なる機能も付与する。それもまたブリコラージュと称してよいだろう。

「私にはあなたの知らない過去がたくさんあるの。誰にも作り替えようのない過去がね」、そして天吾の睾丸を手のひらで優しく撫でた。

村上春樹のミリオンセラー小説『1Q84』の一節である。主人公の一人である天吾の愛人で年上の人妻、安田恭子が、ベッドの中で天吾から「どうしてそんなに古いジャズに詳しいの?」と聞かれた後に、こんな粋な台詞《せりふ》を口にする。この台詞からも、その際に睾丸をもてあそんだことからも、視覚的なスキャンダラスさを超えて、進化生物学的に深い意味が読み取れる。

うきぶくろと肺をもつ魚

魚から一足飛びに哺乳類が進化したわけではないことは周知のとおりである。上陸を果たした魚は両生類となり、その一部から爬虫類が登場した。と書くと簡単なことのようだが、それは苦難の道だった。

魚が上陸するにあたっての最大の難関は何だっただろう。えら呼吸から肺呼吸への移行という問題がまず思い浮かぶ。しかしこれはすでにクリアしていた。サメやエイなどの軟骨魚類に対して、硬い骨をもつ硬骨魚類は、河口などの汽水域で進化したといわれている。そしてその中から肺をもつ魚も進化した。

現在、硬骨魚類は、種数においても個体数においても魚のなかで圧倒的多数を占めている。その繁栄の一因は、うきぶくろをもつことにあるともいわれている。そのおかげで遊泳能力に長《た》けているのだ。

それに対してサメなどの軟骨魚類にうきぶくろはない。うきぶくろのかわりに巨大な肝臓をもっており、これが浮力を生み出しているらしい。しかし、たとえばメダカが巨大な肝臓をもつことはできない。メダカのようなちっちゃな魚が進化できたのも、うきぶくろのおかげといえる。

ただし、うきぶくろの進化についてはいまだに誤解がまかり通っている。肺はうきぶくろから進化したという誤解である。本当は順序はこの逆で、うきぶくろは肺から進化したのだ。この誤解の元は、そもそもダーウィンに発している。ダーウィンは『種の起源』において、器官の転用を論じる中で次のように述べている。

　この例［転用の例］として適切なのが魚のうきぶくろである。なぜなら、最初は浮きという機能を果たすために形成された器官が、呼吸というまったく別の機能を果たす器官に変更されることもあるという例だからである。［中略］うきぶくろが、部位としても構造としても高等な脊椎動物の肺の相同器官、すなわち「申し分なく同様の」器官である点については、すべての生理学者の意見が一致している。したがって私は、うきぶくろは自然淘汰の作用によって呼吸だけのための器官である肺に変換されたと信じることにさほどの困難を感じていない。

（『種の起源』第6章より）

さらにダーウィンは、続く一文でオーエンとの微妙な関係を表明している。

肺をもつすべての脊椎動物は、浮くための装置であるうきぶくろを備えた、古代の原種から通常の世代交代によって生じた子孫である。今のところその原種の正体については何もわかっていないが、そういうプロトタイプ［原型］がいたことはまず疑いない。肺に関連した器官に関してはオーエン教授の興味深い研究がある。その研究から推測すると、われわれは声門を閉じるみごとな仕掛けを備えているものの、われわれが飲み込む食物や液体はみな、気管の開口部の上を通過することで肺に誤飲する危険を冒さなければならない。この奇妙な事実は、肺はもともとは呼吸のための装置ではなかったと考えれば理解できるのだ。

（同右）

今の知見で読みなおすと、ダーウィンは間違っていた。しかし肺とうきぶくろの進化の順序を逆にすれば、ここで引用した文章のいわんとするところは正しい。進化における転用とブリコラージュという考え方を明確に表明しているからだ。

しかもダーウィンは、異なるグループに属する動物間で形態を比較するという比較解剖学の知見を駆使することで、オーエンが解明した個別の事実を、オーエンにとっては鬼門である進化論という文脈でみごとな物語に仕立てている。『種の起源』を献呈されたオーエンは、論理的一貫性のない長文の批判的書評を匿名で公表した。オーエンの心中、察するに余りあるというべきだろう（じつはオーエンもその時点ではすでに進化という事実を認めていたのだが、ダーウィンへの反感からカミングアウトできなかったらしい）。

重力から脱出するための腕立て伏せ

魚の上陸にあたって最大の難関は何だったかという問題に話を戻そう。私見で断定するならば、それは重力という重しだった（拙著『シーラカンスの打ちあけ話』参照）。水中の浮遊感覚はじつに心地よい。ところが水から上がると否が応でも体重を意識してしまう。浅瀬や湿った地面を跳んだり這《は》ったりしながら移動する魚もいるが、自《おの》ずと限界がある。大きな魚では、よほど頑丈な肋骨を発達させていないかぎり、胸と腹に体重がのしかかり、内臓を圧迫してしまうことだろう。

上陸した魚、いや、水中から陸上への移行期にいた中間段階にあたる「半魚類」は、いうなれば腕立て伏せのできる魚だったはずだ。そのためにはどのような変化が必要だったか。当然のことながら腕がいる。これを転用でしのぐとしたら、胸びれを強化するほかない。ひれの中に骨を通し、その骨を肩と接合させればよい。じつはこれに近い構造を備えている魚がいる。肺魚とシーラカンスだ。おまけに肺魚は、その名の通り肺までもっている。一方のシーラカンスは、深海魚に特殊化する過程で、肺をうきぶくろに転用するのではなく、肺の中に脂肪を充填《じゅうてん》することで間に合わせた。

だが、肺魚もシーラカンスも、所詮は水中にとどまったグループの末裔《まつえい》である。新世界に繰り出すことはなかった。われわれが知りたいのは、あくまでも陸を目指した「半魚類」である。その望みは二〇〇四年にかなえられた。発見者は前述したシュービンの研究チーム。三億七五〇〇万年前、デボン紀（四億一六〇〇万～三億五九〇〇万年前）中期の地層から、お目当ての化石魚ティクターリク（図26）を見つけたのだ（シュービン著『ヒトのなかの魚、魚のなかのヒト』参照）。

ティクターリクは、手首、肘、肩、頸《くび》の骨、肋骨、扁平な頭部とその上面についた眼をもっており、まさに浅瀬や干潟《ひがた》を這い回りながら上半身を起こし気味に陸を見上げることができたようだ。しかしティクターリクは、まだ魚の段階に踏みとどまっていた。骨格的な要素以外は魚の特徴のほうが色濃かったのだ。では、ティクターリクが「腕」と頸と頑丈な肋骨を獲得したことの、陸を仰ぎ見られる以外の利点はなんだったのだろう。

かつては、陸地が乾燥して、多くの池や川が干上がったせいで上陸を強いられたのだと説明されていた。しかしシュービンは、上陸できることの利点は強敵の多い水中から脱出できることにあったと考えている。ティクターリクの体長は一メートルもあった。しかし同じ川にはその二倍もある肉食魚も同居していた。そんな猛者《もさ》がうじゃうじゃいたのだ。一方、陸上に強敵は皆無だった。それどころか、一足先に上陸を果たしていた無脊椎動物がたくさんいた。つまり、手つかずの食べ物が豊富にあったわけだ。そんな天国のような土地にあこがれないものがいるだろうか。たとえ上陸のハードルが高いにしろ。

〈図26〉腕立て伏せで上陸するティクターリク（復元図）　© SPL/PPS 通信社

進化は、擬人法や目的論で語るとわかりやすい。しかしそこには大きな落とし穴もある。そこでダーウィンが持ち出した原理が自然淘汰だった。自然淘汰が作用する先に目的はない。ただ、生存繁殖率の違いがあるのみである。すなわち、たまたま利点をそなえたものが生き残り、その性質を子孫に伝えていく。その結果を後知恵で振り返れば、あたかも「見えざる手」が導いたかのような調和がもたらされる。

そこではたらくのは、必ずしも競争原理だけではない。ティクターリクの生き方のように、競争を避ける方向もありうる。新しい生き方が一つ増えれば、新しいニッチも生まれる。天吾の父親も息子を諭すようにつぶやいているではないか。

＊　＊　＊

「空白が生まれれば、何かがやってきて埋めなくてはならない。みんなそうしておるわけだから」

（村上春樹『1Q84』より）

第8章
地を這うものども
――新世界の誘惑

ガラパゴス諸島のウミイグアナ

魔法の指輪

トールキンのファンタジー大作『指輪物語』の魅力を数え上げれば切りがないが、旅の仲間たちの友情物語という要素も大きい。大義のために異能の仲間が参集し、旅の終わりとともにまた散っていく。後に残るのは旅と友情の思い出のみ。

しかし物語には、主人公フロドに付き従う奇妙な従者が登場する。指輪の魔力に魅せられ、性根のみならず見かけまで変容してしまったゴクリである（唾を飲み込む音を擬《ぎ》したゴクリという名は翻訳者瀬田貞二《せたていじ》の名訳で、原文では「金の指輪に魅せられた」といったような意味のゴラム Gollum）。もとはホビットのなかでも水辺で暮らす部族の出だというのだが、洞窟の湖に隠れ住むうちに、両生類のごとき習性と姿を身につけてしまったらしい。

活字から受けるゴクリの印象は、まさにニョロニョロヌメヌメした両生類のそれである。むろん、一個体が一生のあいだに陸生動物から水陸両生動物に変わるはずはなく、ファンタジーの世界ならではの話である。ただし、奇っ怪な変身を遂げたゴクリには、特殊な適応によって姿を変えた動物のイメージとダブるところがある。ヨーロッパの洞窟にすむ両生類ホライモリ（図27）だ。

オルムとも呼ばれるホライモリは、ユーゴスラビア、オーストリア、イタリア北部などの洞窟の中の地下水に生息するイモリで、体がウナギのように細長くなり、四肢が退化して小さくなっていて、指の数もイモリの平均よりも減少している。極めつきは、暗闇の中で生活しているため眼が退化し、体色も白くなっていることだ。そういえば、オルム olm という名はゴラムと似ていなくもない。

ダーウィンも『種の起源』の中でこのホライモリに言及している。

〈図27〉ホライモリ

洞穴動物にはきわめて異常なものがいると聞いても、私はさほど驚かない。たとえばアガシが指摘した盲目の魚アンブリオプシス（ドウクツギョ）や、ヨーロッパの爬虫類［訳注　当時は両生類も爬虫類と呼んでいた］ではプロテウス（ホライモリ）などがそれだ。私にとって驚きなのは、そんな暗闇にすむ生物はさほど厳しい競争にはさらされないだろうに、古代生物の面影をたたえた種類がなぜもっといないのかということだけである。

（『種の起源』第5章より）

プロテウスというのはホライモリの学名で、預言能力と変身能力をもつとされるギリシア神話の海神の名前からとられている。

空へと伸びる梢《こずえ》

両生類というと水がなくては生きていけないイメージがあるが、必ずしもそうではない。たしかにホライモリやオオサンショウウオは水の中でしか生きていけないが、ほとんどの種類は幼生から変態して成体になると肺をもち、陸上で生活する。同じ両生類のアマガエルやヒキガエルを思い出してもらいたい。多くの両生類は、産卵と幼生の時期(カエルではオタマジャクシ時代)以外、湿り気は必要だが、水中にいる必要性はないのだ。

では、完全な陸上生活をする爬虫類と両生類との決定的な違いは何か。むろん、皮膚がちがうが、それ以上に重要なのが、卵の構造である。爬虫類は、卵を殻で覆うことで水との縁を切った。しかし両生類の卵は、ゼラチンのような物質に包まれており、たいていは水中に産み落とされる。そして爬虫類は体内受精だが、両生類は体外受精をする。

両生類は、前章で紹介したティクターリクのような「半魚類」がさらに骨格と筋肉を強化し、陸上でも体重を支えられるほどの図体《ずうたい》を獲得したことで登場した。デボン紀（四億一六〇〇万〜三億五九〇〇万年前）後期のことだっただろうと考えられている。

「半魚類」が陸を目指したのは、そこには強敵がおらず手つかずの食べ物が豊富にいたから、すなわち未占有の生態的地位（ニッチ）が存在したからだと、前章で書いた。実際にはどんな生きものがいたのだろう。

陸上植物に関してこれまでに見つかっている最古の痕跡としては、ある種の胞子が四億七五〇〇万年前の地層から見つかっている。それはおそらくコケの胞子と思われる。では、森ができたのはいつごろだったのか。

森が存在していたことを示す最古の痕跡としては、ニューヨーク州ギルボアという場所で一八七〇年代から知られていた謎の切り株群があった。最古の胞子の化石に遅れることおよそ九〇〇〇万年、すなわち今から三億八五〇〇万年前、デボン紀中期の化石である。その切り株は根元の方がふくらんだ形状をしており、エオスペルマトプテリスと命名されていた。しかし葉が生えている樹冠部の化石は見つかっていなかったため、おそらく木生シダだろうとはされていたものの、往時の姿は復元しようがなかった。

ところが二〇〇七年になって、ギルボアから北へ五〇キロほど離れたショーハリーという町で、それまでワトティエザと命名されていた木生シダの樹冠部の化石とエオスペルマトプテリスの切り株がいっしょに見つかった。その結果、太古の森林を形成していたこの樹木は、樹高が八メートルもあった木生シダであることが判明したのだ。

空への助走

時代は前後するが、これまでに見つかっている最古の陸上動物化石は、スコットランド東北部の都市アバディーン近郊で四億二八〇〇万年前、すなわちシルル紀(四億四四〇〇万~四億一六〇〇万年前)中期の砂岩の中から二〇〇四年に見つかったヤスデの化石である。胴体の側面に気門と呼ばれる呼吸のための孔が確認できることから、陸上生活を送っていたことがわかる。

このヤスデ化石は、アマチュア化石研究家のマイク・ニューマンが発見したことから、発見者の名にちなんでプニューモデスムス・ニューマニと命名されている。最古のヤスデに自分の名前がついてるなんて、マイクは最高に幸せな御仁だ。

ヤスデ(図28)は節足動物に属しているが、節足動物は有爪《ゆうそう》動物から進化したと考えられている。有爪動物というのはミミズやゴカイを含む環形動物と、ヤスデ、ムカデ、クモ、昆虫、エビ、カニなどを含む節足動物の中間的な動物といわれている。そしてバージェス動物群中の幻覚動物ことハルキゲニアが、この有爪動物の一員だったことがわかっている。

現生する有爪動物はカギムシと呼ばれる種類で、南半球の湿潤な森に生息している。名前は、イボ状の肢の先に鉤爪がついていることに由来する。英名のベルベットワームは、表皮がベルベット（ビロード）状であることにちなんでいる。和名よりも英名のほうがずっとおしゃれだが、学名はさらにソフィスティケート（洗練）されている。なにしろペリパトスといって、アリストテレスが率いたペリパトス学派と同じ名が冠されているのだ。ペリパトスとは「歩き回る」「逍《しょう》遥《よう》する」という意味で、アリストテレスが学園の回廊を歩きながら講義したことに由来している。

その有爪動物に由来する節足動物中の一大グループ昆虫は、デボン紀初期（およそ四億年前）の地層から最古の化石が見つかっている。頭部の一部、主にあごの部分しか見つかっていないのだが、おそらく翅が生えていて、すでに空を飛べたようだ。最初に登場した昆虫が翅を獲得して空を飛べるようになるまで

〈図28〉ヤスデ

には助走期間も必要だったと思われることから、最初の昆虫が登場したのは、他の節足動物とほぼ同じ時期かそのちょっと後、すなわち遅くてもシルル紀後期のことだったようだ。

両生類は、昆虫を含む節足動物の上陸を後追いするようにして登場した。両生類は、基本的に肉食動物である。ティクターリクのような「半魚類」状態に見切りをつけ、新天地に乗り出したというわけだ。

七本指の世界

完全に近い化石としてこれまでに見つかっているもっとも古い両生類は、グリーンランドのデボン紀末（およそ三億六〇〇〇万年前）の地層から見つかった体長一メートルのイクチオステガである。イクチオステガと現在の両生類との違いはいろいろあるが、もっとも興味深い違いは指の数だろう。現在の四足類、すなわち両生類、爬虫類、鳥類、哺乳類の指の数は、最大五本である。これより少ないことはあっても多いことはない。そして現在の両生類は、前足が四本、後ろ足が五本が基本数である。

ところが、イクチオステガは七本指だし、ほぼ同じ時代の両生類アカントステガは八本指だった。四足類の指の基本数がいつから五本になったのかはわからない。しかしもしイクチオステガの指の数がスタンダードになっていたとしたら、われわれの数の数え方は七進法ないし一四進法になっていたのだろうか。おまけに手と足の指の数が違っていたりしたら、指折り数える計算法はずいぶんとややこしいものになっていたことだろう。

イクチオステガの指は、シーラカンスなど総鰭《そうき》類と呼ばれる魚の胸びれの骨が変化したものだ。それにしてもそんなに都合よく変化するものかとも思うが、これも幸運な偶然のたまものらしい。マウス（ハツカネズミ）の脳のでき方を遺伝子レベルで調べる研究から、脳形成に関与しているのとよく似た遺伝子が、指の形成にも関わっていることが判明している。つまり、もしかしたら魚の脳を形成する遺伝子がたまたま胸びれの先端でスイッチオンされる仕組みが獲得されたことで、指が形成されるようになったらしいのだ。これもまた進化の器用仕事（ブリコラージュ）である。たまたま指を獲得した「半魚類」は、たまに上陸するためにぬかるんだ水辺を這《は》い上がるのに好都合だったのだろう。

ともかく、「半魚類」からイクチオステガなどの原始的な両生類を経て爬虫類へと至った道は、決して平坦でまっすぐな道ではなかったはずだ。さまざまな自然の実験があったと思われるが、その航路を知るための手がかりはあまりにも少ない。デボン紀末から石炭紀（三億五九〇〇万～二億九九〇〇万年前）前期までのおよそ二〇〇〇万年間は、四足類の上陸を跡づけるような化石がほとんど見つかっていないのだ。

爬虫類に最も近い最古の化石動物は、三億五四〇〇万~三億四四〇〇万年前、すなわち石炭紀前期の地層から見つかったペデルペスという動物である。ペデルペスは、両生類と爬虫類の中間的な動物らしく、五本指（！）をもち、完全に陸上を歩き回れたようだ。

ともあれ、石炭紀には昆虫が多様化し、それを食べる両生類もブレークした。石炭紀は「両生類の時代」とも呼ばれているが、それは爬虫類に覇権を譲るまでの間、さまざまな試行実験によって多彩な種類を生み出したからだ。その勢いをかって、ペルム紀（二億九九〇〇万~二億五一〇〇万年前）初期には、頭が巨大な三角翼のように出っ張ったディプロカウルスという種類まで登場した。水中で、その頭を飛行機の水平翼のように活用していたらしい。この両生類は、完全に水生生活に適応した種類だったのだ。

人間を中心に見れば、脊椎動物進化の歴史は、水の中から上陸し、やがて立ち上がって二本足で歩き出すまでの着実な歩みのようにも思える。しかし、現在の世界を見渡しただけでも、地上、樹上、空中、水中、はては地中まで、さまざまな脊椎動物がそれぞれの生き方に磨きをかけている。水中から陸上への突破口は狭き門だったかもしれないが、一度開いた門の先には、新しい役者を待ち受ける新しい世界が広がっていたのだ。

第8章　地を這うものども——新世界の誘惑

ああ、不思議！　こんなにきれいな生きものたちがこんなにたくさん。人間はなんて美しいのだろう。ああ、すばらしい新世界、こういう人たちが住んでいるの！

（シェークスピア『テンペスト』より［松岡和子訳］）

第9章 見上げてごらん
——鳥が空を飛ぶまで

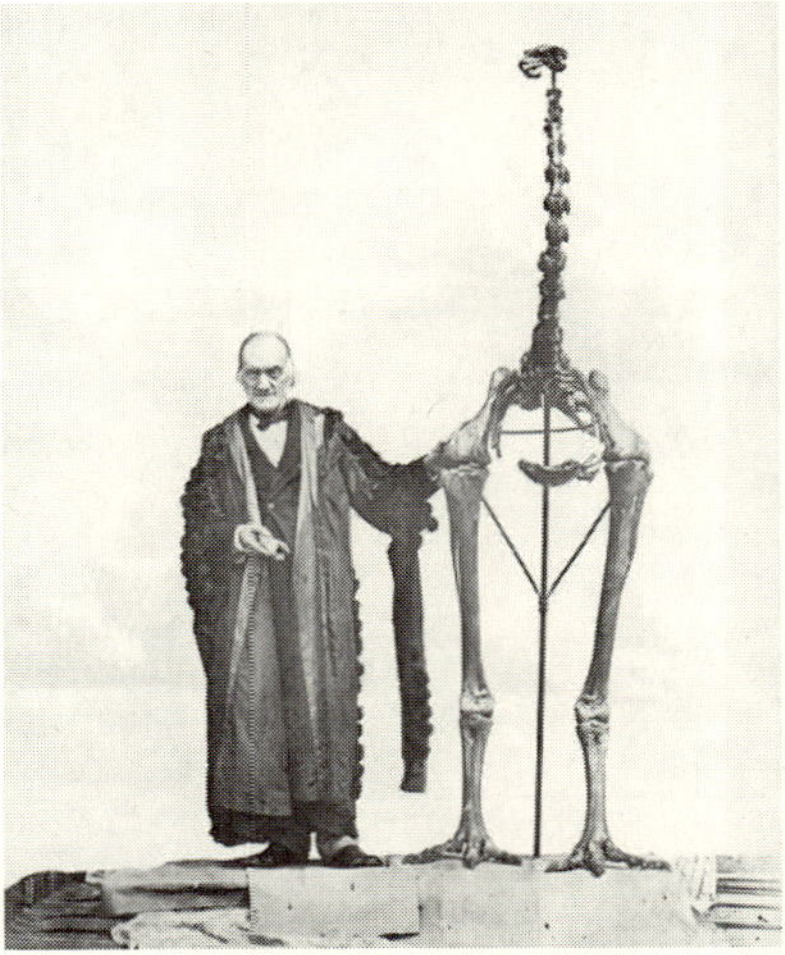

リチャード・オーエン（1804-1892）と彼の主要な研究対象のひとつであった絶滅鳥類ジャイアント・モアの骨格標本

空を飛びたい永遠の夢

テレビ放送開闢《かいびゃく》期に少年時代を過ごしたぼくらのヒーローは、アメリカで制作されたドラマの主人公スーパーマンだった。番組冒頭の、「空を見ろ!」「鳥だ!」「飛行機よ!」「いや、スーパーマンだ!」の台詞《せりふ》はいまだに忘れがたい。

ところがあるとき、子供らのあいだに、スーパーマンが死んだという噂が流れた。まさか、スーパーマンが死ぬはずないじゃないか。誰もがそう思った。しかし、現実は受け入れなければならない。番組のテレビ放映は終わり、スーパーマンことクラーク・ケントを演じていた俳優ジョージ・リーヴズも、宇宙ではなく、あの世へと飛び去ってしまっていた。

自由に空を飛ぶことは万人の夢だ。カザルスの演奏で有名なカタルーニャ民謡「鳥の歌」や赤い鳥の「翼をください」など、鳥を自由の象徴とした楽曲は多い。水から上陸して重力を意識せざるをえなくなった脊椎動物にとって、飛翔は重力の呪縛《じゅばく》を逃れる最大の挑戦だったともいえる。

もう四半世紀ほど前のことだったと思うが、ちょっとした始祖鳥《しそちょう》ブームがあった。それまでわずか数個体分しか見つかっていなかった始祖鳥化石の数が、一挙に一〇個体分にまで増えたのだ。突然ざくざくと化石が掘り出されたわけではない。それまで爬虫類ないし小型の恐竜として博物館の収蔵庫に収められていた化石が、新たに始祖鳥化石と認定されたのである。宝の山は意外と近くにあったという、よくある話だ。

羽をもつ化石

始祖鳥のそもそもの発見は一九世紀に遡《さかのぼ》る。

一八六〇年、ドイツのバイエルン地方にある、リトグラフ用石灰岩の産地として有名なゾルンホーフェン近郊の石切場で、当時の古生物学者の意表を突く化石が見つかった。それは、たった一枚の羽の化石である。そのどこが驚きだったのか。

まず、発見場所である石切場から産する石灰岩は、ジュラ紀後期（現在の推定では、今からおよそ一億五〇〇〇万年前）の地層のものであると推定されていた。その当時の常識では、その年代の地層から鳥類の化石が見つかるはずはなかった。しかもその羽は、現在の鳥の翼に生えていて飛行に重要な役割を持つ風切り羽のように左右非対称だった。つまり、その羽の持ち主は、空を飛べた可能性があるということだ。

たった一枚の羽をもとに、その動物はアルケオプテリクス・リトグラフィカと命名された。ラテン語で、アルケオプテリクスは「古代の翼」という意味であり、リトグラフィカは、リトグラフ用の石版から見つかったという意味である。これが、いわゆる始祖鳥の、最初に見つかった化石にあたる。

一八六一年には、同じくゾルンホーフェン近郊の石切場から、羽の痕跡付きの骨格化石が発見された。価値のわかる人間にとってはとてつもないお宝だが、化石を発見した石切職人がその価値を知るはずもない。彼は、化石収集家だった地元の医師に、診察代がわりにその化石を渡した。当の医師は、その化石は羽をもつ爬虫類のものと考えた。

進化論論争とオーエンの奸計

その発見を伝え聞いたイギリスの比較解剖学者リチャード・オーエン（第7章参照）は、これぞダーウィンを出し抜く千載一遇の好機と考えた。かねてよりオーエンは、ダーウィンが一八五九年に出版した『種の起源』で表明した進化理論に敵意を抱いていた。その化石は、使いようによってはダーウィン進化理論を肯定する証拠にも、否定する証拠にもなる諸刃《もろは》の剣であった。

ダーウィン曰《いわ》く、すべての生物は共通の祖先から進化したものであり、鳥類は爬虫類から進化した。そのことは、いまだ見つかっていない、鳥類とその祖先にあたる爬虫類とをつなぐ中間的な種類、両者をつなぐ鎖の欠けた環が見つかれば証明される。これがダーウィンの主張だった。

なぜ中間的な種類は見つからないのか。何事にも周到なダーウィンは、その答も用意していた。中間的な移行種はそもそも個体数が少なかった。したがって、化石が見つかる可能性も少ないというのだ。もし見つかった化石が羽のある爬虫類だとしたら、それはまさにダーウィン説を裏付ける、爬虫類から鳥類への貴重な移行種の化石ということになる。

一方、それが完全な鳥類だとしたら、爬虫類、それも恐竜が生息していた時代にすでに鳥類もいた証拠となる。そうなると、爬虫類と鳥類とのあいだには、両者をつなぐ未発見の連環、すなわち中間的な移行種が存在したという主張はがぜん不利となる。

この好機を活かすためには、問題の化石を進化論者たちに渡すわけにはいかない。真っ先に自分が手に入れる必要がある。そこでオーエンは、大英博物館自然史部門の責任者という地位を利用してその標本の獲得に乗り出し、一八六二年に四〇〇ポンドでの購入に成功した（図29）。当時としては大金である。

その標本には、頭部が欠けていた。しかし、風切り羽の痕跡と鎖骨が確認できた。これは鳥類と同定すべき有力な証拠である。

難をいえば、尾骨が異様に長いことが気になった。これは爬虫類の特徴となる。それでもオーエンは、たまたま尾の長い鳥類の変種であると考え、アルケオプテリクス・マクルーラと命名した。マクルーラとは、「尾が長い」という意味である。しかも、失われている頭部が見つかれば、それが鳥類であることはなおいっそう明白になると主張した。

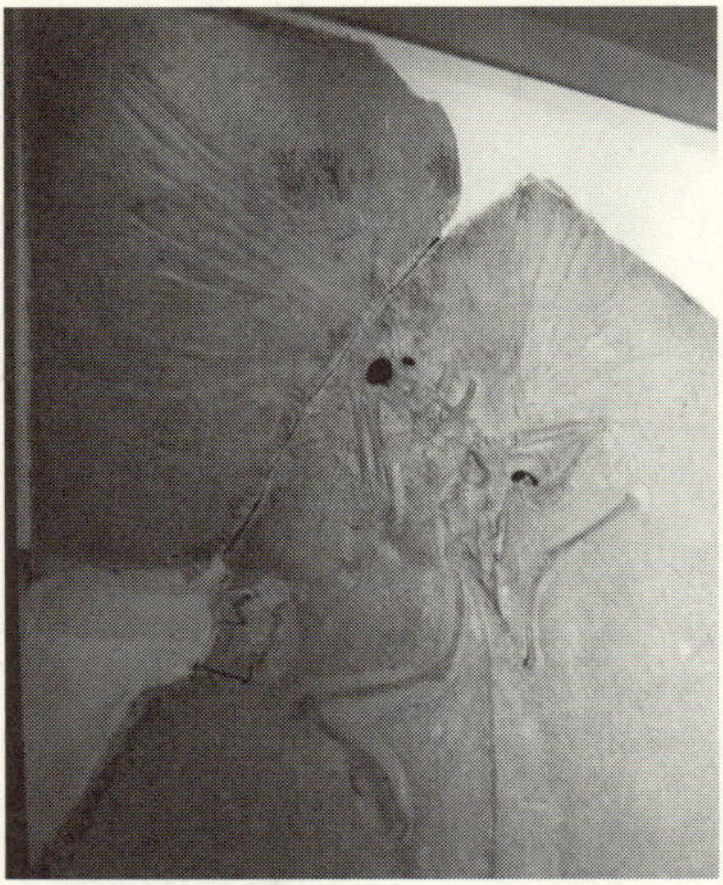
〈図29〉始祖鳥ロンドン標本。オーエンの命により、大英自然史博物館が購入し所蔵する化石

オーエンのあからさまな敵意には、温厚なダーウィンも、盟友に宛てた手紙で怒りを露わにした。オーエンが鳥類と断定した「始祖鳥」は、どう見ても爬虫類と鳥類の中間型であると報告してくれた親しい古生物学者の友人ファルコナーへの、うれしさを隠しきれない返信では、「そのすばらしい鳥」と表現していたのだからなおさらである。

ならばダーウィンは、始祖鳥の発見を『種の起源』の改訂版にすぐに盛り込み、自説の補強をしたのだろうか（ダーウィンは初版出版後の論争に応える形で、最終的に第六版まで

『種の起源』を改定している）。

いや、彼は一八六六年まで自重した。その年に出版した第四版ではじめて、「その道の権威であるオーエン教授」による始祖鳥の研究により、「トカゲのような長い尾」をもつ「奇妙な鳥である始祖鳥」が、鳥類というグループは第三紀（恐竜が絶滅した白亜紀の次の時代）になって突如として出現したわけではないことを教えてくれる、と書き加えたのだ。

しかし、さすがのダーウィンも、この時点ではまだ、始祖鳥は探し求めていた欠けた環であると公言することはできないでいた。始祖鳥の位置付けについては、まだオーエンの研究しかなかったからである。

鳥か恐竜か――欠けた環をつなぐ鍵

そのような位置づけを見直せる適任者としては、ダーウィンの番犬ことトマス・ハクスリーしかいなかった。なぜならハクスリーは、『種の起源』を発表し邪説とされた進化理論を声高に唱えたダーウィンを守旧派勢力から守る親衛隊のリーダー格だったからだ。しかもハクスリーは、それ以前から、同じ比較解剖学者であるオーエンを目の敵にしていたのだからなおさらである。

ところがハクスリーは沈黙を守っていた。じつは、ハクスリーがダーウィン擁護派に回った最大の理由は、ダーウィン進化理論の擁護ではなく、あくまでも古い権威の打倒にあった。ハクスリーは当初、自然淘汰《とうた》説には懐疑的で、「始祖鳥」は爬虫類と鳥類とをつなぐ欠けた環であるとの認識にも納得していなかったのだ。

しかし、オーエン憎しの思いが、オーエンの解釈を覆すべくハクスリーを密かな行動に走らせていた。まずは外堀を埋めるべく、さまざまな現生鳥類の骨格を丹念に調べることに着手したのだ。そして、鳥類と爬虫類とのあいだには類縁関係があるとの確信に至った。ただしそれでもまだ、「始祖鳥」の位置づけについては、今ひとつ確信がもてずにいた。

そんなハクスリーに、あるとき、セレンディピティの天使が舞い降りた。その瞬間は、恐竜の骨を何気なく眺めていたときに訪れた。小型恐竜の骨盤が鳥の骨盤と酷似していることに、突如として気づいたのだ。

始祖鳥が爬虫類的な体の構造上の特徴を備えているのは間違いないが、それまで見つかっていた恐竜の体長は巨大すぎて、始祖鳥や華奢《きゃしゃ》な鳥のサイズとは違いすぎる。始祖鳥を恐竜と鳥との移行種とするためには、この大きさの問題が残されていた。

ちょうどそのとき、この疑問を埋める最後の手がかりが手に入った。やはりゾルンホーフエンの石切場から、ニワトリ大で骨格も鳥に似た小型肉食恐竜コンプソグナトゥスが見つかったのだ。これですべての駒がそろった。
一八六八年の二月七日、ロンドンにある科学普及の殿堂ロイヤル・インスティチューション（王立研究所）の演台に立ったハクスリーは、講堂に詰めかけた聴衆に向けて、おもむろに切り出した。

私も含め、進化論の教義を奉ずる者はみな、鳥類や爬虫類など、現時点では分断されているグループも、元を正せば共通の祖先に由来していると信じています。しかしその共通祖先を見つけるためには、気候穏和なジュラ紀の時代、ゾルンホーフェンの沼地に戻る必要があります。その沼地の上空を、重い体の始祖鳥が不器用そうに飛んでいます。そして水辺では、小さな恐竜が、鳥のように首を上げ下げしながらぴょんぴょん跳ね、小さな腕で獲物を捕まえています。

（Adrian Desmond, Huxley, Michael Joseph, 1994 より）

聴衆は、ハクスリーの巧みな弁舌に魅了された。ハクスリーは、鳥類は恐竜から枝分かれしたグループであり、始祖鳥はその系統に連なる小枝的存在であると説いた。聴衆は、裏庭にいる可愛らしい小鳥が、じつは恐竜の子孫であることを納得して家路についた。

欠けた環からただの鳥へ、そして再び……

ハクスリーが放った鋭い矢は、オーエンの牙城《がじょう》を射貫いた。ハクスリーの解釈は、オーエンの説を真っ向から否定するものだったからだ。しかも、ダイナソア（「恐ろしいトカゲ」という意味）すなわち恐竜という呼び名と恐竜類というグループを一八四二年に提唱したのが、ほかならぬオーエンである。オーエンはまさに当時、比較解剖学と古生物学の帝王的な存在だったのだ。

この偶像破壊をダーウィンが喜ばないはずがない。一八六九年に出版した『種の起源』第五版では、さっそく次のように書き加えた。

鳥類と爬虫類とのあいだの大きな隔たりまでもが、ハクスリー教授により、思いもよらないかたちで一部埋められた。なんと、ダチョウや絶滅種である始祖鳥と、恐竜類の一種であるコンプソグナトゥスとのあいだが架橋されたのだ。恐竜類といえば、巨大な陸生爬虫類を含むグループである。

ところが、それからおよそ九〇年後の一九五四年、始祖鳥は再び格下げの憂き目にあう。トマス・ハクスリーの孫ジュリアン・ハクスリーの薫陶《くんとう》を得たイギリスの比較発生学者ギャヴィン・デ・ビーアが、トマス・ハクスリーの解釈を否定し、ただの鳥に格下げしたのだ。デ・ビーアは、ジュリアン・ハクスリーと発生学の教科書を共同執筆し、最後は、オーエンが創設した大英自然史博物館の館長も務めた人物である。そのデ・ビーアが、始祖鳥化石の位置づけを再検討し、始祖鳥は鳥類と恐竜類の中間種であるとのトマス・ハクスリー説を覆したのだから、因縁めいたものを感じさせる。

デ・ビーアの解釈は、始祖鳥は初期の鳥類であるというものだった。かくして「始祖鳥」はまさに鳥の始祖という名にふさわしい安定した地位を得たかに見えた。

この安定状態を再び揺るがしたのは、エール大学の古生物学者ジョン・オストロムである。オストロムは、二足で活発に走り回り、後ろ足の鋭い爪で獲物を引き裂く中型恐竜ディノニクスの化石を一九六四年に発見した。映画『ジュラシック・パーク』に登場してすっかり有名になったヴェロキラプトルのモデルとなった恐竜である（ヴェロキラプトルという恐竜は実在するが、映画のそれとは似ていない）。

オストロムは、ディノニクスほどの活動性は、従来の愚鈍でのろまな冷血動物であるという恐竜のイメージには合わないと考えた。そして恐竜温血説を提唱し、大論争を巻き起こした。オストロムは恐竜温血説実証の一環として、始祖鳥の見直しも行なった。その過程で、小型恐竜に分類され、博物館の収蔵庫で眠っていたいくつもの始祖鳥化石の発掘に成功したのだ。それが、冒頭で紹介した、始祖鳥ブームの火付け役になった。

小型化と中途半端な翼

恐竜温血説では、小型恐竜は、体温維持のための断熱材が必要となる。ゾウなどの大型哺乳類は毛が少ないが、ネズミなどの小型哺乳類は、いかにも暖かそうな毛に包まれていることを思い出してほしい。小型の動物ほど、体表から熱を奪われやすいのだ。

その論でいくと、温血性（生物学的に正確さを期すなら恒温性という）であった恐竜は、小型化すると同時に、体表からの熱の発散を防ぐ毛皮のようなものを獲得しなければならなかった。そこで獲得したのが羽毛である。羽毛は、哺乳類の体毛とは異なり、爬虫類の鱗《うろこ》と起源を同じくするものなのだ。

羽毛を獲得した小型肉食恐竜は、やがて翼を獲得し、空を飛べるようになった。それが始祖鳥である。

このオストロムの温血説をもって、始祖鳥の位置づけについてはめでたしめでたしとばかりに話を終えたいところだが、そうもいかない。始祖鳥に至る前、中途半端な翼をもつ動物にとって、その翼は何の役に立っていたのだろうか。

ダーウィンは、『種の起源』の中で、哺乳類の眼のような複雑な構造が進化する過程に思いを馳せている。単純な構造から複雑な構造が進化する途中の中途半端な構造は、はたして何の役に立っていたのかと自問しているのだ。そして出した答が、その時点その時点で、それぞれ別の用途を果たしていた可能性もあるのではないかというものだった。

すでに述べたように、温血性の恐竜が小型化するにあたっては、羽毛の獲得が必須だった。後知恵では、それは飛翔能力獲得のための第一歩だったわけだ。

やがて、体温維持のための羽毛だけでなく、長い羽の生えた腕をもつ小型恐竜も出現した。その腕は、たとえば飛んでいる虫をはたき落とすのに格好の道具となった。あるいは、素早く走るときのバランス装置として役立ったかもしれない。生存繁殖にとって有用な器官をもつ個体は、同じ素質をもつ子孫を残す可能性が高いというのが、自然淘汰説の教義である。

そうすれば、バランス装置を持った個体が増えていく。

バランス装置は、やがて滑空能力をもたらした。滑空できれば、敵から逃れたり、空中の獲物を捕えたりする上で有利である。空中には、一足先に昆虫が進出していた。小型恐竜がちょうどこの状態まで進化した種類が、始祖鳥だったのかもしれない。

生き残りを賭けた空への進出

こうした議論が展開される中で、始祖鳥の飛翔能力が問題となった。

はたして始祖鳥は羽ばたけたのか。それとも、滑空しかできなかったのか。あるいはまったく飛べなかったのか。現在のおおよその結論は、少なくとも滑空はできただろうというものだ。

オストロムの卓見を裏付けるように、その後、羽毛をもつ小型恐竜の化石が続々と見つかっている。しかも最新の情報では、始祖鳥よりも一〇〇万年ほど古い時代からもその化石が見つかっている。そう考えると、恐竜と鳥の境界はどこにあるのかが、ますますあいまいになりつつある。むしろ、鳥はまさに生きている恐竜なのだと割り切ったほうがすっきりするかもしれない。

ともかくも、始祖鳥が、現在の鳥類の直系の祖先ではないことはたしかそうだ。しかし、恐竜が鳥へと姿を変えた途中段階で出現した「鳥」の一種であることは間違いない。

われわれは、進化の流れを考えるとき、つい、直線的な順序を思い描きがちである。たとえば、チンパンジーが直立猿人になり、それがネアンデルタール人になり、さらにクロマニヨン人すなわち現生人類ホモ・サピエンスとなったというように。しかし現実の進化の様相は、錯綜した枝分かれである。現に、ネアンデルタール人とクロマニヨン人は、一時的に同時代を共有していた。そして、化石のＤＮＡ分析では、両者は別種だったという結果が出ている。

それと同じで、爬虫類の中で一部の系統が恐竜に進化し、そのまた一部が鳥類に進化したと考えるのが正しい。鳥は、空を飛んだ最初の脊椎動物でもない。鳥が出現する前の制空権は、爬虫類である翼竜（図30）が握っていた。翼竜も、始祖鳥同様、かつてよりもその存在感が増してきたグループである。かつては、地上では崖の上をよちよち歩くことしかできなかったと考えられていた。しかし、さまざまな化石が発見され、その多種多彩さが明白になるにつれ、空中はもちろん地上もかなり機敏に歩き回れたこともわかり、翼竜に対する見方はがらりと変わった。

〈図30〉フラミンゴのようなくちばしをもつ翼竜プテロダウストロの化石。いのちのたび博物館主催「翼竜展」にて

翼竜は、恐竜とほぼ同じ時代を生き、小型のものから超大型のものまで、鳥でいえばフラミンゴのようなプランクトン食からコンドルのような死体掃除係まで、多様な種類を生み出した。体を羽毛で覆われた種類がいたこともわかっている。

なぜ翼竜には、それほど多様な種類、多様な生き方が可能だったのか。それは、当時、地上の覇権を握っていた恐竜には利用できなかった空中というニッチを有効活用できたからにほかならない。

ところが、今から六五五〇万年前、白亜紀の終わりに惨劇が起こった。恐竜と翼竜が全滅してしまったのだ。しかし、なぜか地上で細々と生きていた哺乳類と、ごく近縁な大型恐竜ティラノサウルスを横目に小型化することに活路を見出していた鳥類は、なんとかその惨劇を生き延びた。

巨大な隕石の衝突によって空中に巻き上げられた粉塵《ふんじん》が薄れ、日の光が地上まで再び届くようになったとき、制空権を巡るレースが再開された。一歩先んじたのは鳥たちだったが、哺乳類もコウモリという精鋭部隊を送り出した。今やコウモリ類は、ネズミなどの齧歯類《げっし》に次ぐ種数を誇っている。コウモリ類の成功は、鳥と一日の使い方を時間的にすみ分けたことに由来するのだろう。

そういえば、人は空を飛ぶ鳥にはあこがれるが、コウモリを見てうらやましいとは思わない。スーパーマンは日向のヒーローだが、バットマンがもっぱらダークな世界を相手にさせられているのも、人々がもつ、何らかの潜在意識の反映なのだろうか。バットマン、あなたにもいつか日が当たりますように。

第10章 巡り来る時代

――「もしかしたら」の世界

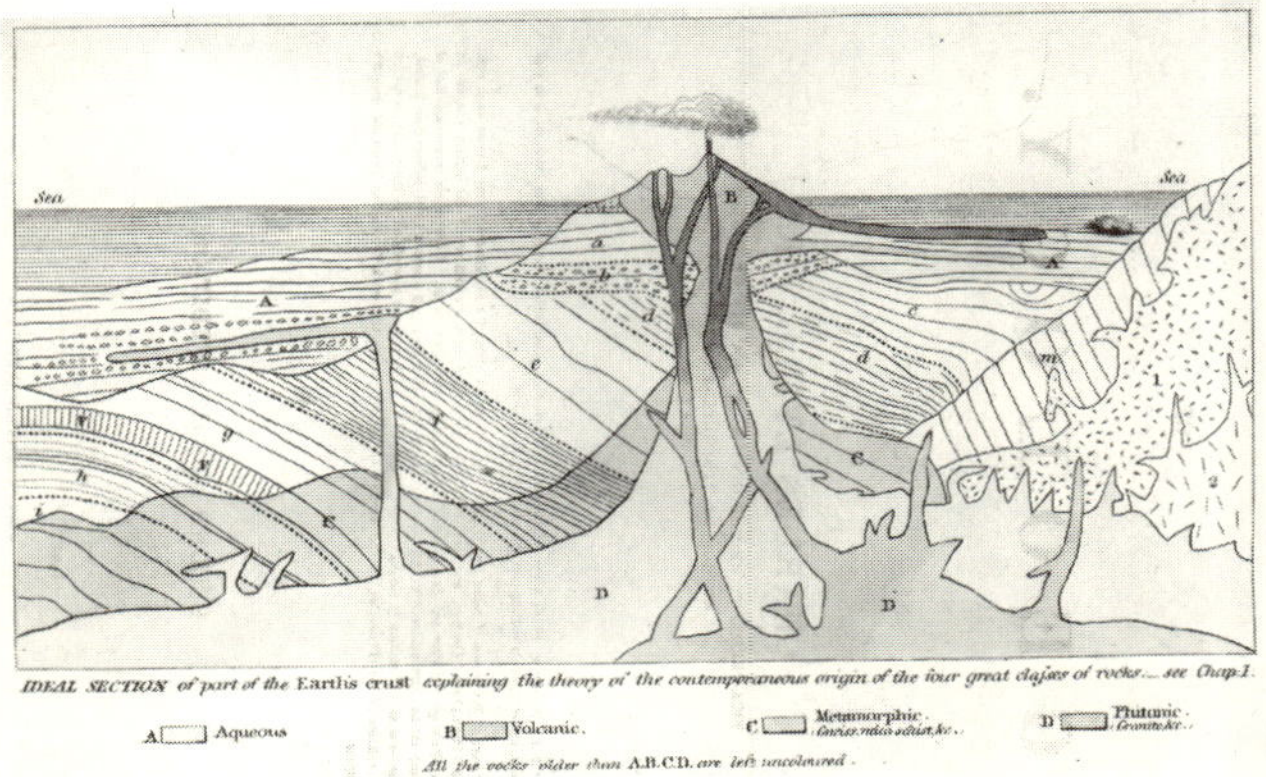

ライエル『地質学原理』の挿絵

ダーウィンの処女航海——種の起源への旅立ち

過去を振り返るときに、「イフ」すなわち「もしあのとき○○しなかったら」と、つい考えたくなる局面は多い。それは空しい想像のようにも思えるが、歴史の偶然性を考える上では有意義であったりもする。ましてや、その後の歴史を変えたような大事件についてであればなおさらである。

大学を卒業したばかりのダーウィンは、ひょんなことから、南アメリカへの航海に旅立つことになった。英国海軍の軍艦ビーグル号に乗船することになったのだ。もしダーウィンがビーグル号に乗っていなかったとしたら、歴史はどうなっていただろう。これはとても大きな「イフ」だ。

一八三一年にケンブリッジ大学を卒業したダーウィンは、漫然と田舎牧師になる道を考えていた。必ずしも敬虔《けいけん》なキリスト教徒というわけではなかったが、世間体がよく、なによりも、ナチュラリストとして昆虫や植物、地質学などの研究に使える自由な時間がたっぷりと保証されているからだ。

現に、ダーウィンのナチュラリスト仲間には田舎教区の牧師が少なくなかった。有名な『セルボーンの博物誌』（一七八九）を著したギルバート・ホワイト牧師を筆頭に、イギリスにおいては田舎牧師のナチュラリストというのは昔からの定番だったのだ。

もっとも、当時のダーウィンのとりあえずの目標は、南の島への探検旅行だった。目指していたのは、北アフリカ沖に浮かぶスペイン領のカナリア諸島。ダーウィンは、スペイン語の勉強まで始めていた。しかし、同行するはずだった友人の死などもあり、その計画は頓挫《とんざ》する。そこへ舞い込んだのがビーグル号乗船の話だったのである。

ビーグル号でのダーウィンの役割は艦長の話し相手。おかしな話に聞こえるが、依頼した艦長にしてみれば笑い事ではなかった。ビーグル号は、軍艦とは名ばかりの小型測量船で、艦長と対等に話ができるような乗組員はいない。おまけにビーグル号艦長フィッツロイは、まだ二六歳という若さだった。

それだけではない。副艦長として乗船していた先の航海では、孤独な航海の途中で艦長が自殺するという悲劇に立ち会っていた。フィッツロイは、夕食を共にしながら知的会話を楽しめる相手がいれば、鬱《ふさ》ぎの虫にとりつかれることもないだろうと考えたのだ。

ただし待遇はそれほどよくはない。船室は狭く、おまけに食事代その他の費用も自己負担だった。それでも、南への探検航海にあこがれていたダーウィンは、この誘いに飛びついた。

弱冠二二歳だった当時のダーウィンは、従姉《いとこ》たちと一度だけパリを訪れた以外は、イギリスを出たことがなかった。親しんでいた自然といえば、オークの森やヒースの荒野、あるいは手入れの行き届いたイングリッシュガーデンといった程度。したがってまだ見ぬ熱帯へのあこがれは、いや増すばかりだった。

「やがて再び海の時代が来る」？

出発前に即席の地質学実習を体験しただけだったダーウィンは、旅立ちにあたって格好のガイドブックを携えていた。チャールズ・ライエル著『地質学原理』第一巻（一八三〇）である。「内容のすべてをそのまま鵜呑《うの》みにしてはいけないよ」との恩師の忠告もあったが、ダーウィンはその本を読みふけった。結果的に五年間におよんだビーグル号での航海中に出版された第二巻（一八三二）と第三巻（一八三三）も寄港先に取り寄せたほどだ。そしてダーウィンは、目の前の地球を観察することが大切だというライエルの教えを忠実に実践した。

ライエルは法廷弁護士として身を立てた後、地質学の研究活動に本腰を入れ、『地質学原理』を出版した。筆致は流麗で、法廷での巧みな弁舌を彷彿《ほうふつ》とさせるものがある。ライエルの信念は明快だった。自然界の法則は過去も現在も同じだったというのだ。それは、『地質学原理』の副題、「過去における地表の変化を現時点で作用している原因に鑑《かんが》みて説明する試み」で明快に宣言されている。

だが、自然界の法則が一定ということは、生起する変化には必ずしも方向性はないことを意味する。一定の法則に従って、同じような変化が何度も繰り返される可能性もあるからだ。たとえばそうした変化は、次のような、いささか衝撃的な一節で語られているようなものかもしれない。


そういうわけで、ここで考察している「大年」〔循環する地質学的な周期が存在するとした場合の一周期をライエルはこう呼んでいる〕の夏には、大洋島には木生シダやヤシの仲間のような植物が繁茂する一方で、現在の温帯地域に主流の双子葉植物などは地球上から姿を消すかもしれない。そして大陸の太古の岩石がその記憶をとどめている動物の種族が戻ってくるかもしれない。再び巨大なイグアノドンが森に現われ、海には魚竜が、そして木生シダの木立の上を翼竜が飛び回るかもしれない。今はクジラやイッカクが泳ぐ北極圏の海にまでサンゴ礁が広がり、現在はセイウチが寝そべり、アザラシが流氷に乗ってやって来る海岸の砂浜にウミガメが産卵するようになるかもしれない。

（ライエル著『地質学原理』第一巻より）

まるで、ポニョのお父さんフジモトの願望を思わせる気宇壮大な妄想ではないか。

「カンブリア紀にも比肩《ひけん》する生命の爆発。再び海の時代が始まるのだ！」

（スタジオジブリ『崖の上のポニョ』より）

はたしてライエルは、フジモトと同じように、こんなことを大まじめで考えていたのだろうか。いや、そんなはずはなかった。なぜならこの文章に続く段落冒頭には、「このような空想に耽《ふけ》るのはやめにして」とあるからだ。

ライエルがいわんとしたのは、数千年程度の期間で気候が劇的に変わることはないということだった。火山活動や地震による地殻変動も長い目で見れば微々たるものだ。すなわち変化は徐々に進むし、そこで作用する法則は天地創造以来一定していたというのである（この時点でのライエルは創造説の信奉者だった）。

絶滅した種の運命

となれば、過去に起こった変化も、現在と同じ法則で説明できるはずだ。しかし、ライエルはそこからさらに踏み込んで過去を語ることは断念している。その理由は、地質学の記録は断片的すぎて、過去の物語を再構築するには情報が足りないからだという。ダーウィンは、『種の起源』（一八五九）においてライエルのこの考えを踏襲し、次のような有名な比喩《メタファー》を用いている。

ライエルの比喩を借りてこういいたい。自然界の地質学的記録は、変わりゆく方言で書かれ、しかも不完全にしか残されていない世界の歴史である。その歴史についても、われわれの手元には、わずか二、三カ国だけを扱った最後の一巻しかなく、その巻にしても、あちこち短い章が残されているだけで、個々のページもわずか数行ずつしか残っていない。歴史を記しているとされる言葉もゆっくりと変化を続けており、飛び飛びに続く章のあいだでは単語も少しずつ異なっている。この状態は、突如として変化しているように見える生物種が、連続してはいるのだが、空隙《くうげき》だらけの累層に埋まっている状態と似ているかもしれない。

（『種の起源』第9章より）

〈図31〉「やがて再びわれわれの時代が来る」と説くライエル教授の戯画

しかしライエルの主張は、地球は過去何度もの天変地異を経てその姿を劇的に変えてきたと考える他の地質学者の不評を買うことになった。その一人で、画才にも長けたヘンリー・トマス・デ・ラ・ビーチは、さっそくライエルを滑稽な戯画に仕立てた。それはなんと、ライエルを模したイクチオサウルス（魚竜）教授が、イクチオサウルスやプレシオサウルス（首長竜）に向かって、ヒトの頭蓋骨を見せながら、「やがて再びわれわれの時代が来る」と説いている姿だった（図31）。

滅びた一族がお家復興を期すのは歴史物語の一つの定番である。しかし、生物進化の物語では、いったん絶滅した種族が再び現われることはない。生物の進化は枝分かれの物語であり、後戻りはできないからだ。

現在の生物は、枝分かれを繰り返しながら、細枝であれ、なんとか保たれてきた血族の末裔《まつえい》なのだ。このことを見抜き、定式化したのが、誰あろうダーウィンだった。『地質学原理』を初めて読んだ時点のダーウィンは、まだ進化論者ではなかった。そのときの彼は、故郷の土手や庭に息づくさまざまな生きものたちが生を謳歌しているのは神の恩《おん》寵《ちょう》であると信じていた。もっとも、ライエルとて、進化論者ではなかった。ライエルが創造論者から進化論者に転向するのは、ダーウィンの『種の起源』発表以後のことであり、まだ遠い先の話だった。

最初の寄港地ブラジルに上陸したダーウィンは、初めて足を踏み入れた熱帯の自然の多様性に度肝を抜かれる。そこには、イギリスの自然では考えられないような生命の躍動があった。ダーウィンは陶然たる心持ちに浸る。「なぜこれほど多様な生物が存在するのか?」それ以後のダーウィンを終生にわたって突き動かす大いなる疑問が湧いた瞬間だった。

その後もダーウィンは、イギリスでは望めない驚きの体験を重ねていった。絶滅した巨大哺乳類化石の発掘、大河を隔ててすみ分けている二種類のレア（南アメリカにすむダチョウの仲間）、火山の噴火、巨大地震、アンデス山中での化石木（珪化木《けいかぼく》）との遭遇などである。すべては、たまたまビーグル号に乗船したおかげだった。

恐竜から鳥類、そして哺乳類の時代へ

絶滅した生物が復活することはないと書いたが、これについても仮想の前提「イフ」を持ち出したくなる例が多い。三葉虫は、今からおよそ二億五一〇〇万年前、ペルム紀の終わりに起きた大量絶滅であえなく絶滅してしまった。三葉虫を専門とする古生物学者のリチャード・フォーティは、それでも深海のどこかで三葉虫が今も生き永らえているという期待を捨てきれないと語っている。

ペルム紀末の大量絶滅は、古生代という時代に終止符を打った。次の中生代もまた、大量絶滅によって終止符が打たれた。今から六五五〇万年前、白亜紀末に地球を破格の天変地異が襲い、さまざまな種類の生物が大量に絶滅したのだ。恐竜や翼竜、アンモナイトを葬り去った異変である。ライエルが夢想した魚竜や首長竜も運命を共にした。失われたものは二度と戻らない。

しかし、死と再生は対をなしている。恐竜は、完全に滅び去ったわけではなかった。小型恐竜は鳥に姿を変えて命運をつなぎ、翼竜に代わって制空権を得た。そして地上では、わがもの顔にのし歩いていた恐竜に代わり、哺乳類が台頭することになった。恐竜の陰でこそこ

そと生きていた哺乳類が、ようやく表舞台に登場することになったのだ。

哺乳類は新参者《しんざんもの》ではなかった。その起源は三畳紀（二億五一〇〇万～一億九九六〇万年前）に遡《さかのぼ》る。三畳紀後期にはすでに、哺乳類型爬虫類という、爬虫類にとっては屈辱的な呼び名を付けられたグループの中のキノドン類（図32）から進化していたからだ。

キノドン類は活発に動き回る肉食性爬虫類で、二次口蓋《こうがい》という、口腔の天井と鼻腔の底を隔てる骨の板が発達していた。これが発達したおかげで、物を食べながらでも、あるいは口を閉じたままでも、鼻で呼吸することが可能となった。呼吸路が常に確保できたことで、代謝を活発に保つことが可能となったのだ。

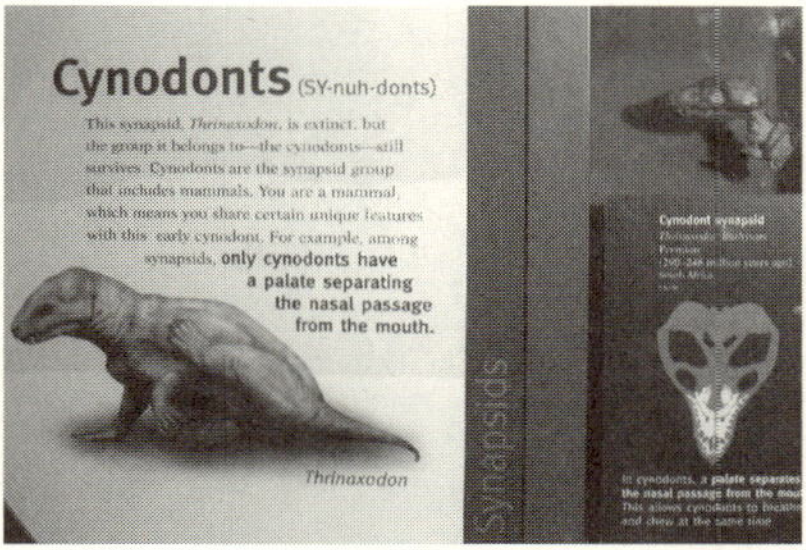

〈図32〉キノドン類の一種トリナクソドンの化石と復元画（シカゴ、フィールド自然史博物館の展示）

恐竜と哺乳類の生き残り

じつは、哺乳類が登場したのとほぼ同時代に、爬虫類の別のグループから恐竜も登場していた。つまり哺乳類と恐竜は同年代生まれということになる。哺乳類と恐竜の共通点はそれだけではない。いずれも、胴体の真下に脚がついているのだ。この構造だと、重い体重でも支えることができる。この構造を獲得しなかったら、巨大なアパトサウルスもアフリカゾウも、この世に登場することはなかっただろう。

むろん、肘と膝がいったん横に張りだしている普通の爬虫類も、それはそれで不自由はない。そのような構造をしているワニだってかなりの重さの体重を支えているし、地上を人間よりも速く走ることができる。

かれこれ一五年ほど前、オーストラリア北部の準州ノーザン・テリトリーの首都ダーウィンを訪れたことがある。

ダーウィンに因《ちな》んだ地名といわれているが、ビーグル号の航海でダーウィンが立ち寄ったのはオーストラリア南西部の都市シドニーとタスマニア島とアルバニー（当時はキングジョージサウンドと呼ばれていた、西オーストラリアの港町）だけであり、その地とは縁もゆかりもない。

それでも何かの縁と思い、当地の博物館を訪れたのだが、そこでいちばん印象的だった展示は巨大なイリエワニの剥製だった。その巨大さと、説明に書かれていた一節は今でも忘れられない。イリエワニは、陸上でも時速四〇キロくらいで走れるから、襲われたらぜったいいに逃げ切れないというのだ。事実、オーストラリアの熱帯域では、住民がワニに殺される事故が毎年必ず何件か発生している。

イリエワニは、海でも平気で泳ぎ回る凶暴な種類である。体長が七メートル、体重は一トンにもなる。たいていは水の中にいて、陸上では寝そべって日向ぼっこをしていることが多い。起き上がるときだけ、腕立て伏せよろしく体を持ち上げるのだ。時速四〇キロというのはしょせん短距離走に限っての話で、サラブレッドやチーターの走り、あるいは映画『ジュラシック・パーク』でおなじみのヴェロキラプトルの敏捷《びんしょう》さは望むべくもない。

しかし、今から六五五〇万年前に起きた大量絶滅の惨事を、死滅した大型恐竜を尻目に、ワニは生き延びた。その大量絶滅は、ユカタン半島に落下した巨大な隕石が引き金になったと考えられている。大量の粉塵を巻き上げ、それが地球を覆って太陽光線を遮り、植物の光合成を阻害すると同時に気温の低下を招いたというシナリオである。

ワニのほかにも、カメ、トカゲ、ヘビなどの爬虫類はその災厄を生き延びた。その理由はよくわからない。大型化し恒温（温血）動物となっていた恐竜は、食物不足と低温に耐えられなかったのかもしれない。一方、変温動物のままだった爬虫類は、冬眠状態に入ることで乗り切れたのだろうか。羽毛という保温材を獲得することで鳥類に変身した小型恐竜も冬の時代を乗り切った。

地上の覇者恐竜の足下でタフに生きていた小さな哺乳類も、なんとか生き延びた。中生代が終わり、新しい時代、新生代の幕が開けた。そこは、恐竜が抜けたあと、巨大な生態的地位がぽっかりと空いた世界だった。哺乳類の生き残りは新世界に躍り出て、さまざまな生態的地位を埋めるかたちで多様性を増していった。

それにしても、新生代に入ってから多種多様な種類を生み出した哺乳類は、中生代にはなぜ、恐竜の日陰の存在に甘んじなければならなかったのだろうか。脚が胴体の真下につくという同じ体型を共有していたのに、一方の恐竜は大型種を生み出し、もう一方の哺乳類は小型種という存在で甘んじていた。

一つの考え方としては、恐竜と哺乳類は、開けた空間と狭い空間、昼行性と夜行性など、空間と時間の両面ですみ分ける方向に進化した可能性がある。大型化して地上を闊歩《かっぽ》する生き方だけが成功とは限らない。日向の存在と日陰の存在などという言い方をすると、勝者と敗者であるかのように思えてしまうが、それは人間の勝手な価値観にすぎない。生態劇場では全員が主役なのだ。

そもそも、中生代の哺乳類が、はたしてどれくらいの多様性を誇っていたのかも判然としない。小型で華奢な種類が多かったせいで、化石として保存されていない種類が多いのだ。一方の恐竜は一見多種多様だったように見えるが、種数やグループ数は意外と多くないというのが現実だったようだ。

歴史がすべてを証明する

国立パリ自然史博物館の建物に取り囲まれた植物園には、フランスの動物学者ラマルクの銅像がある。一八〇九年に出版した『動物哲学』において、ダーウィンの『種の起源』に五〇年先んじて進化論を世に問うたラマルクだったが、晩年は視力も名声も失い、貧窮のうちに世を去った。その銅像の台座には、盲《めし》いたラマルクとその肩にそっと手をかける娘の姿を描いたレリーフ（図33）がある。そこには、「後世の人たちがきっとお父様を讃え、恨みを晴らしてくれますよ」という娘の言葉が刻まれている。いつかきっとお父様の時代が来るというわけだ。

〈図33〉「後世の人たちがきっとお父様を讃え、恨みを晴らしてくれますよ」と娘に慰められるラマルク（パリ植物園）

奇しくも二〇〇九年は、『動物哲学』出版二〇〇年にして『種の起源』出版一五〇年にあたっていた。ビーグル号の航海でダーウィンが座右の書としたライエルの『地質学原理』の第二巻は、皮肉なことに、主にラマルク進化論批判に当てられている。生物種に変異があることは認めつつも、種の垣根を越えて生物が変わるという証拠はないと主張していたのだ。

ダーウィンの祖父エラズマスは、医師、発明家、詩人として異彩を放った人物だった。そしてフランス革命を讃え、ラマルク進化論に賛同する自由主義者でもあった。ダーウィンが最初に通ったエジンバラ大学で出会った生物学の師もラマルク進化論とエラズマス・ダーウィンの信奉者だった。

当時はまだ神による創造を信じていたダーウィンは、奇妙なダブルバインド状態にあったはずである。ラマルクに心酔していた祖父の進化論思想を師に褒《ほ》め称《たた》えられたことは、むずがゆい思い出である。一方、ラマルク進化論批判を展開している教科書が、科学を実践するための指針なのである。

ダーウィンがビーグル号に乗船していなかったとしたら、歴史はどうなっていただろう。ビーグル号に乗船していたとしても、『地質学原理』を携えていなかったとしたら、どうだっただろう。あるいは、白亜紀末の大量絶滅で哺乳類が死滅していたとしたら、地球はどうなっていただろう。歴史にはたくさんの「イフ」が入り込む余地がある。いうなれば、無限通りの可能性が秘められたロールプレイングゲームのようなものだ。

ゲームなら何度もやり直しがきくが、実際の歴史はやり直しがきかない。ラマルクの進化理論は、進化には方向性があるとの謂《いい》を含む考え方だった。一方、ダーウィンの進化理論は偶然の役割を重視する。進化の行方はどこに転がるかわからないというのだ。これは、考え方によっては虚無的で救いのない考え方である。なにしろ、この世は調和に満ちた世界などではなく、一寸先は闇だといっているに等しいのだから。

ダーウィンの思想は危険だと表現した哲学者がいたが、まさにその通りというべきだろう。季節は巡るが運命は定まらない。われわれは、どこから来てどこへ行こうとしているのか。人々の惑いが始まった。ダーウィンが扉を開けた世界は、人々に否応なく人生の意味を自問させる世界だった。

第11章

人類のショートジャーニー

Artist unknown, *A Venerable Orang-Outang: A Contribution to Unnatural History,* 1871 | CAT. 124

サルにされたダーウィンのカリカチュア

文明と野蛮の狭間で

ロバート・フィッツロイが艦長を務める英国海軍の測量船ビーグル号に乗船して世界周航の途にあった若きチャールズ・ダーウィンは、南アメリカ最南端ティエラ・デル・フエゴの荒涼とした地に居住するフエゴ島人と相見《あいまみ》えたとき、その「原始的」な暮らしぶりにおののくと同時に、人間の適応力のすごさに目を見張らせた。イギリスを出港したビーグル号には、文明化した三人のフエゴ島人が乗船していたのだからなおさらである。

この不思議な因縁話はビーグル号の前年の航海に遡《さかのぼ》る。

ダーウィンがビーグル号に乗船する一年前に終了していた先の航海では、艦長がフエゴ島沖で鬱《ふさ》ぎの虫にとりつかれ、拳銃自殺してしまった。そこで急遽《きゅうきょ》、艦長代理を務めたのが、副艦長だったフィッツロイである。フィッツロイは、その航海の際に、四人のフエゴ島人をイギリスに連れ帰っていた。「野蛮人」を文明化し、伝道師に仕立て上げた上でいずれ島に送り返し、フエゴ島人の布教にあたらせることを思いついたのだ。

イギリスに連れてこられた四人のうちの一人は種痘《しゅとう》のせいで死んでしまい、ヨーク・ミンスター、ジェミー・ボタン、フエジア・バスケットと名づけられた三人が残った。推定年齢は、それぞれ二七歳、一五歳、一〇歳くらいだったようだ。三人は教会関係者の下で一年を

〈図34〉フエゴ島沖のビーグル号とフエゴ島人のカヌー

過ごし、すっかり「文明人」らしくなっていた。
ビーグル号再度の出航から一年後、ダーウィンはフエゴ島に上陸した。「文明化」していないフエゴ島人の姿はダーウィンの想像を超えていた。完全な野蛮人の風体だったのだ。自分と同じ服を着たヨーク・ミンスターら三人とは大きな違いだ。
フィッツロイ艦長は、伝道所を開設し、イギリス人伝道師一人と「文明化」したフエゴ島人三人を島に残すことにした。しかし、九日後にその場所に戻ってみると、伝道所に持ち込んだイギリス流の調度が略奪にさらされている光景を目《ま》の当たりにすることになった。これではイギリス人伝道師の身もどうなるかわかったものではない。
かくして伝道所は閉鎖され、「文明化」した三人のフエゴ島人だけを島に残すことになった。フエゴ島を後にするとき、ダーウィンは、「文明化」した三人がフエゴ島を変えてくれるにちがいないという期待にせめてもの慰めを見出した。

しかし、そんな期待も無残に砕かれることになった。いったん大西洋を北上してアルゼンチン沖に戻っていたビーグル号は、再び南下し、南アメリカ最南端のビーグル海峡へと向かった。そこを通って太平洋へ抜けるためである。伝道所を開設した海岸の沖合にさしかかったときのことだ、一艘《そう》のカヌーが近づいてくるではないか（図34）。そのカヌーに乗っていたのは、二カ月ぶりに再会する、こともあろうにほとんど裸同然のジェミー・ボタンだった。ジェミーの話によれば、夫婦になったヨークとフエジアに、衣類も含めていっさいの持ち物を持ち逃げされたのだという。しかし、自分も妻をもち、幸せに暮らしているという。

それでよかったのだろう。それでも、ダーウィンの心には、大きな「なぜ」という問いが残された。フエゴ島は、年間平均気温が摂氏六度で、いちばん暖かい月でも一一度にしかならない。ダーウィンは日記に次のように書き留めた。


この人たちはいったいどこからやってきたのだろう。［中略］彼らが自分たちと同じ世界に配置された同類の生きものとは、誰だってとても信じられないだろう。

人類のロングジャーニー

およそ二〇万年前にアフリカ、それもおそらくは東アフリカあたりで誕生したホモ・サピエンスは、その後、遅くとも一〇万年後には出アフリカを敢行《かんこう》した。そして中東地区への移住を果たし、さらにユーラシア大陸を東へ西へと移動して、早ければ四万年後にはオーストラリアへの渡航に成功する。その当時も今もオーストラリアは海に浮かぶ大陸だった。ということは、なんらかの「舟」を製作して海を渡ったのだろう。

また、遅くても今から一万五〇〇〇年前までにはベーリング海峡を越えて、あるいは当時のユーラシアと北アメリカが陸続きだったとしたらベーリング地峡を通って、北アメリカへの侵入も果たした。人類はすでに、強力な槍《やり》と、それを勢いよく投げるためのアトラトルと呼ばれる槍投げ器を発明していた。その結果、ホモ・サピエンスが北アメリカを南下してたどり着いた先々では、マンモスなどの大型哺乳類の絶滅が相次いだ。

人類の南下はなおも続いた。当時は陸続きだったパナマ地峡を通ってついには南アメリカへと進出し、今から一万二〇〇〇年前には最南端のティエラ・デル・フエゴにまで達したのだ。かくして人類は、世界中、津々浦々にまで進出した。

それにしても、移住にかけるこの執念はなんなのだろうか。

一九六八年に公開されたSF映画の傑作『猿の惑星』は、観る者の価値観を揺さぶる映画だった。伝説的なラストシーンもさることながら、大型類人猿が支配する世界では、博物館に人間、それも白人の剥製《はくせい》が展示されているシーンが多くの観客を戦慄《せんりつ》させた。

「猿」が支配する惑星では、チンパンジー、ゴリラ、オランウータンが直立二足歩行をして言葉を操り、言葉を発しない（ただし直立二足歩行はする）ヒトを支配下に置いていた。言語能力の獲得こそが、地上の覇権を握るための鍵なのだという解釈なのだろう。

一方、同じ年に公開された巨匠スタンリー・キューブリックの名作『2001年宇宙の旅』では、二本足で立ち上がり、両腕が自由になった猿人に、謎の物体モノリスが道具使用を教えることから歴史は始まったとされていた。二つの名作いずれにおいても、言葉が初めではなく、初めに二足歩行ありき、とされているところが興味深い。

現在も生息する大型類人猿四種、すなわちオランウータン、ゴリラ、チンパンジー、ボノボ（ピグミーチンパンジー）は、いずれもみな不器用ながらも直立二足歩行が可能で、ゴリラを除く三種では道具使用も見つかっている。特にチンパンジーとボノボは知能も高く、ボノボに至っては高度な社会性が発達している。ヒトとの決定的な違いは、ヒトは言語を発声し、長距離の移動に際しても直立二足歩行をするといったことくらいだろうか。

そもそも人類がロングジャーニーに出られた最大の理由は、長距離二足歩行ができるようになったことにあるのではないかと、ぼくはにらんでいる。その際の二足歩行の大きな恩典は、自由になった手で道具を携えての長距離移動ができることである。道具を使う動物は人間以外にもいるが、家財道具を抱えて移動する動物は人間だけである。この、物を携えて移動する能力こそが、類人猿と人類の進路を大きく分けた鍵だったのではないか。

旅の道程

大型類人猿の祖先発祥の地は、アフリカ大陸であると考えられている。現生する類人猿は、前述の四種の大型類人猿のほかに、小型類人猿であるテナガザル類八種が東南アジアの密林に生息している。種数だけの比較でいけば、アフリカのゴリラ、チンパンジー、ボノボ三種に対して、東南アジアはテナガザル八種とオランウータンの合わせて九種である。しかし、人類といちばん近縁なチンパンジーやボノボがアフリカに分布していることもあり、類人猿の共通祖先発祥の地もアフリカだろうと考えられている。

たしかに、さまざまな傍証を総合すると、類人猿発祥の地は、二〇〇〇万年以上前のアフリカらしい。ただし、大型類人猿の最古の化石が見つかっている場所は、アフリカではなくユーラシア大陸である。

トロント大学の人類学者によれば、アフリカで誕生したある種の類人猿が、今から一七〇〇万年ほど前に、現在のシナイ半島付近に形成されたばかりの陸橋（地峡）を通ってユーラシア大陸へ移住した。これぞまさに、最初の出アフリカである。

そしてユーラシア大陸において、大型類人猿が誕生した。ヨーロッパから見つかっているドリオピテクス、インド北部や中国雲南省から見つかっているシバピテクスなどがそれにあたるようだ。ドリオピテクスを生んだ系統は再びアフリカに戻り、ゴリラやチンパンジーや人類の祖先となった。一方、アジアに移住したシバピテクスの系統からはオランウータンが進化したらしい。かつて一時、人類といちばん近縁な類人猿はオランウータンであるという説が出されたが、現在は完全に否定されている。

そういうわけで、同じ大型類人猿とはいえ、オランウータン、ゴリラ、チンパンジー類の類縁関係は同列ではない。共通の祖先から一六〇〇万年ほど前にまずオランウータンの系統が袂《たもと》を分かち、次いで九〇〇万年ほど前にゴリラの系統とチンパンジーの系統が袂を分かった。そしてその後、チンパンジー類と人類が、もう二度と交わることのない別々の太枝へと分かれた。

つまりわれわれヒトから見ると、いちばん近い関係にあるのはチンパンジー類であり、次いでゴリラ、オランウータンの順ということになる。

千鳥足の進化

この関係からわかるように、ヒトの祖先はチンパンジーではない。あくまでも、共通の祖先から分かれた仲であるにすぎない。人間の祖先はサルだったという言い方も、この場合の「サル」とは何かによって、微妙にまちがっている。

ヒトとチンパンジーの祖先が共通の祖先から分かれた年代は、かつては五〇〇万年くらい前といわれていた。遺伝子レベルでの差などから、そのあたりだろうと推定されたのだ。そして人類は、少なくとも三六〇万年くらい前には直立二足歩行を開始していたと考えられていた。東アフリカ、タンザニアのラエトリという場所で、二足で歩く人類の足跡の化石が見つかっていたからだ。

その足跡の主は、アウストラロピテクス・アファレンシスという種類だったと考えられている。この人類にはアファール猿人という通称もあり、ルーシーと名づけられた女性の化石が特に有名である。

ルーシーは、一九七四年にエチオピアの三五〇万年前の地層から見つかった化石で、全身骨格の四〇パーセントが保存されていた。特に大腿骨と骨盤の一部が保存されていたことで、直立二足歩行ができたと判断されたのだ。その化石の愛称が「ルーシー」と命名された理由は、発掘隊のキャンプでよく流れていた音楽が、ビートルズの当時の大ヒット曲「ルーシー・イン・ザ・スカイ・ウィズ・ダイアモンズ」だったことに由来する。

しかし、人類二足歩行の起源はさらに遡ることになった。東京大学の人類学者、諏訪元《すわげん》教授がエチオピアの四四〇万年前の地層から一九九二年に見つけていたラミダス猿人が、実は二足歩行をしていたらしいという報告が、二〇〇九年になって発表されたのだ。諏訪教授が最初に見つけたのは歯の化石だけだったが、一九九四年に同じ場所からたくさんの骨が見つかった。風化してばらばらになった骨のかけらを研究室に持ち帰り、国際チームによって一五年をかけて慎重に復元した結果、二足歩行をしていたことが判明したのだ。

その化石にはアルディピテクス・ラミダスという学名がつけられた。復元された骨格は女性のもので、愛称はアルディ。アルディの体はルーシーよりも原始的で、足でものをつかむこともできたようだ。いっしょに発掘された植物化石などから、暮らしていたのは開けた森で、木登りも得意だったようだ。一方、ルーシーが暮らしていたのは開けた草原で、木登りはさほど得意ではなかったはずだ。もうすでに足でものをつかむことはできなくなっていたことからそうわかる。

ということは、人類は森の中で暮らすあいだに二足歩行を進化させ、その後で草原に打って出たことになる。

アルディの全容が解明される前に、人類の起源はさらに遡っていた。二〇〇一年にアフリカのチャドで、七〇〇万〜六〇〇万年前のものと推定される人類化石サヘラントロプス・チャデンシスが見つかったのだ。頭骨と背骨がつながる角度などから、サヘラントロプスも直立二足歩行ができたとする意見もあるが、定かではない。いずれにしろ、人類とチンパンジーの系統が分かれたのは、少なくとも七〇〇万年以上前と考えたほうがよさそうだ。

人類にしてもチンパンジー類にしても、七〇〇万年以上前に袂を分かって以後、太枝をまっすぐに伸ばしてきたわけではない。ヒトとチンパンジー類を生んだ系統は、それぞれたくさんの小枝を枝分かれさせたあげく、現生する三種を除くすべてが潰え去ってしまったのだ。人類の古い系統では、これまでに数十種類の化石が見つかっている。見つかっていない種類がはたしてあとどのくらいあるものやら、誰にも知りようがない。現生人類が登場したのはたかだか数十万年前である。ということはつまり、人類は七〇〇万年以上にわたって試行錯誤を重ね、千鳥足のような歩みをたどってきたことになる。

われらが隣人、ネアンデルタール人

現生人類ホモ・サピエンスの最後の隣人だったネアンデルタール人（ホモ・ネアンデルターレンシス）が絶滅したのは、今からわずか三万年ほど前のことだった。

かつては、ネアンデルタール人はホモ・サピエンスの一種（亜種）であるとする説があった。この説では、ホモ・サピエンスは、今からおよそ一九〇万年ほど前にアフリカで登場した直立原人ことホモ・エレクトスの直系の子孫とされていた。

直立原人は、出現して九〇万年ほど後、今から一〇〇万年ほど前にシリア半島を経てユーラシアへ渡り、そこからさらにユーラシア大陸の東西へと大移動を開始した。東へと向かったグループは、やがて中国では北京原人、ジャワ島（当時は大陸と地続きだった）ではジャワ原人と呼ばれる種類になり、原始的な石器や火の利用もしていた。それら直立原人が、二十数万年前に、アフリカに留まっていたグループも含めて旧世界の各地でいっせいにホモ・サピエンスへと進化したというのだ。これを多地域進化説という。

この説によれば、ヨーロッパで直立原人からホモ・サピエンスに進化したグループがいわゆるネアンデルタール人（この説ではホモ・サピエンスの一亜種ホモ・サピエンス・ネアンデルターレンシスとされる）で、やがてそれはマイナーチェンジを経てクロマニョン人（ホモ・サピエンス・サピエンス）と呼ばれるグループへ進化したとされる。

たしかにネアンデルタール人は現生人類であるヒトにきわめて近かったようだ。魚釣りや貝掘りをし、獲物を海岸から一キロも離れた洞窟に持ち帰って火であぶって食べもしていた。しかも、装飾品を作り、埋葬した死者には花を手向《たむ》けることまでしていた。

しかし、クロマニョン人がネアンデルタール人から進化したと考えるのには無理がある。なにしろ両者は、ヨーロッパにおいて一万年近く共存していたのだ。しかも骨のＤＮＡ分析によれば、ネアンデルタール人とクロマニョン人が混血していた証拠も見つかっていない。おまけに、知能は別にして、体格的にはネアンデルタール人のほうが明らかに大きかった。

アフリカ単一起源説と呼ばれる現在の有力な説は、ネアンデルタール人はクロマニョン人へと進化することなく、あるいは混血することもなく、今から三万年ほど前に絶滅したというものである。

ネアンデルタール人はホモ・エレクトス（直立原人）がヨーロッパ地区で特殊化して誕生した種類だったとする点では、この説も多地域進化説と同じである。一方、現生人類であるホモ・サピエンスの起源は、およそ二〇万年近く前のアフリカであるとされる。

二〇〇三年六月には、それを裏付ける報告がなされた。諏訪教授が参加している国際チームが、一九七七年にエチオピアの一六万〜一五万四〇〇〇年前の地層から人類の頭骨化石を発見していた。その化石を詳細に研究した結果、ネアンデルタール人の頭骨とは明らかに異なる特徴を有する原始的なホモ・サピエンスの化石であることが判明したのだ。つまりホモ・サピエンスは、ネアンデルタール人とは別個にアフリカ一カ所で進化した新人類なのである。

生きるためのすみ分け

一〇万年前にアフリカを出た現生人類は、今や分布域の最も広い動物となっている。その秘訣《ひけつ》はなんだったのだろう。この疑問を解くヒントがオーストラリアにある。

オーストラリア大陸は、多雨林から灼熱の砂漠、岩山まで多様な環境がそろっている。この多様な環境を誇る大陸のほぼ全土を生息地としている哺乳類がヒト以外に一種だけいる。

それは意外にも、原始的な哺乳類とされているハリモグラである。ハリモグラは、カモノハシと同じく、卵を産み、卵から孵《かえ》った赤ん坊は乳で育てる単孔類である。ハリモグラは、どう見ても器用な動物には見えない。動きがのろく、身を守る術は、背中の針を敵に向けつつ、できるだけ速やかに地中に潜る土《ど》とんの術しかない。

そんなハリモグラが繁栄できている秘訣は、オーストラリア全土にきわめて多種多様に生息するアリとシロアリの類を主食にしていることだ。逆にいうと、どんな気候条件にも耐えられる上に、どこに行ってもその土地でいちばん手に入りやすい食物を食べられるおかげで、オーストラリアのハリモグラは、人間に匹敵する驚異的な生息環境の多様さを誇っているのだ。

一方、たとえばオーストラリアの砂漠地帯でいちばん種数の多い脊椎動物のグループはトカゲである。その秘訣も食べ物にある。すべてのトカゲも、砂漠で個体数が最も多いアリやシロアリを主食にしているのだ。つまり、砂漠の中で同じ動物を主食としつつも、さまざまな環境をすみ分けることで、種の多様性を増加させていることになる。

翻って考えるに、ヒトは器用な手先と高い知能を活用し、行く先々でさまざまな食物を利用することで分布の拡大に成功した。とどまることを知らない移動を促したのは、食をめぐる人口増のプレッシャーだったかもしれない。

ギリシアの古い詩句に、「狐はたくさんのことを知っているが、ハリネズミは大切なこと、大きなことを一つだけ知っている」という文言がある。別の言い方をすれば、狐は何でも屋で、ハリネズミは専門家ということだろうか。

この伝でいくと、ヒトは狐型で、ハリモグラはハリネズミ型ということになる。いずれもその道を究めれば、成功が約束されている。砂漠のトカゲの場合は、個々の種はハリネズミ型に徹しつつも、トカゲ類というグループ全体は狐型を実践している。

旅の終着点

本書でぼくは、生物の進化という物語は、生態劇場で演じられる進化という劇であると再三再四繰り返してきた。この比喩は、ロッキー山脈の山肌に開いた窓から垣間見えるバージェス動物の目くるめく進化から、世界の果てフエゴ島にまで進出している人類の進化にも適用できる。

一方、多種多様な生物の形態の進化にあたり、要所要所で鍵を握ったのは、きわめて少数の遺伝子であることがわかりつつある。ヒトとチンパンジーの境界もきわめて狭い。

たとえば、ヒトとチンパンジーの顔つきを比べると、赤ん坊時代は驚くほどよく似ている。それが、大人になるにつれて顔つきがまるでちがってくる。これは、ヒトでは赤ん坊時代の頭部の形状が大人になっても割とそのまま持ち越されているのに対し、チンパンジーは成熟に伴ってあごが突き出ると同時に額が後退するせいである。この事実から、ヒトは幼児形のまま成熟した類人猿であるという言い方がされることもある。

しかしよくよく考えてみると、この形容は必ずしも正しくない。なぜなら、顔つき以外、ヒトの大人に幼児的な特徴は見られないからである（チンパンジーの大人に比べれば毛深くないということはある）。

ヒトの大人が類人猿の幼児体形だとしたら、頭の大きさにくらべて手足はもっと短いはずである。体のプロポーションを見ると、腕よりも脚が長い点など、ヒトは、ネアンデルタール人はもちろん直立原人とも、とてもよく似ている。そしてそれは、ひとえに直立二足歩行を発達させた結果としてもたらされた特徴である。やはり、初めに二足歩行ありきだったのだろうか。

＊　＊　＊

今から一五〇年前、ダーウィンは満を持して『種の起源』を世に問うた。その書では、当時の人々が密かに恐れていた宣告が雄弁に語られていた。すなわち、「ヒトはどこから来てどこへ行くのか」という問いかけとその答が。

『種の起源』以後、ヒトは神の祝福を受けて創造された後に智慧の実を食べたせいで楽園を追われた存在であるという優越的なメッセージは拠《よ》り所《どころ》を失ってしまった。

ダーウィンの答は、「ヒトはすべての生きものと同じ祖先から来て、どこへ行くとも知れない」だった。不安なメッセージととるのはたやすいが、可能性は無限に広がっているという見方もできる。

ともあれ命の絆は、かれこれ三六億年以上もつながってきたのだから。

終章
ダーウィンの正夢

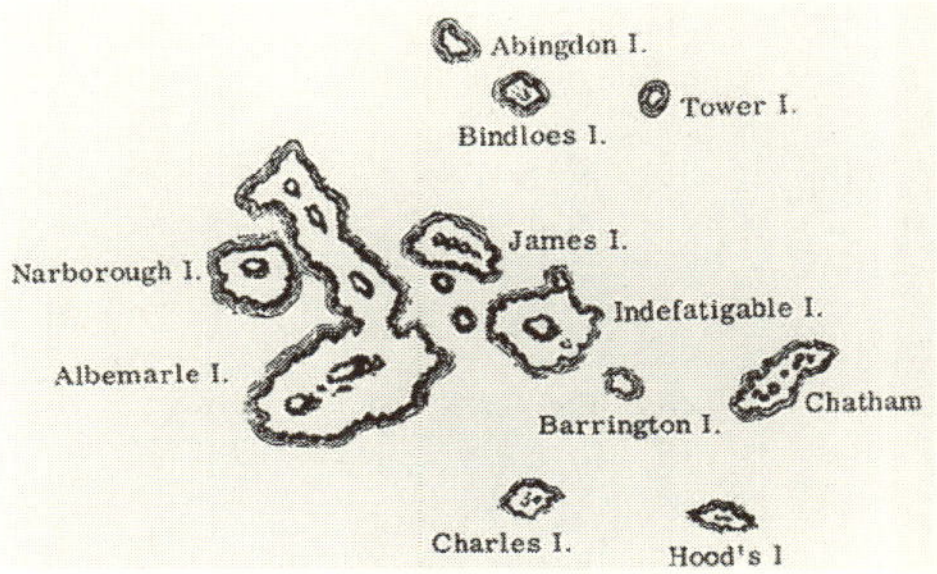

ダーウィンが描いたとされるガラパゴス諸島の地図

二〇〇九年五月四日、カナディアンロッキーの中心地カルガリーの会議場に集まった三七〇〇人の地質学者、鉱山学者、採掘技術者たちがビールの小瓶で祝杯をあげた。ただのビールではない。その会議の開幕レセプションのためだけに瓶詰めされた特製ビール、その名もバージェス・エール。

ラベルには、長い杖を片手にポーズをとるニッカーボッカーズ姿の初老の紳士と、それを取り巻く奇妙な生きものたちが描かれている。紳士の名はチャールズ・ドゥーリトル・ウォルコット。奇妙な生きものたちは、俗にバージェスモンスターと称される化石動物たちである。

なにゆえの特製ビールでの乾杯だったのか。

その答は二〇〇九年という年にあった。ちょうど一〇〇年前の夏、ロッキー山中において、後に進化生物学の至宝と呼ばれることになる化石動物群が、ラベルに描かれた人物によって発見されたのだ。二〇〇九年五月の会議は、バージェス頁岩《けつがん》動物群発見一〇〇周年を祝う祝賀行事の幕開けとなった。バージェス頁岩地質科学財団の依頼で地元ビール会社が限定生産した特製エールは、ビールには目のない地質屋さんたちによって瞬く間に飲み尽くされてしまったという。

＊　＊　＊

バージェス動物群の発見は、化石の空白期間を埋める重要な出来事だった。ダーウィンは、その空白期間も化石の発見によってやがて埋まるだろうと予言していた。しかも、そのときに見つかる化石生物は、既知の最古の化石生物の祖先にあたる種類だが、既知の種類とは似ても似つかない種類だろうと。

確かに、バージェス動物の多くは、予想だにしなかったほど奇妙な生きものたちだった。しかし、バージェス動物に関する研究が進んだ結果、多くの生きものは、現存する生物グループの枠から当初の見かけほどは逸脱していないことがわかってきた。

カンブリア紀前中期の最大最強の捕食者といえばアノマロカリスの独擅場だったが、二〇〇九年には、ロイヤルオンタリオ博物館の化石収蔵庫から、それよりはやや小振りだが、もっと奇妙な姿をした肉食動物が発見された。

それまで八つの異なるグループの動物化石と考えられていた断片が合体され、体長三〇センチながら（アノマロカリスは体長五〇～一〇〇センチ）、大きな盾をかぶったシロナガスクジラのような頭部をした動物の姿が現われたのだ。フルディア・ヴィクトリアと命名されたその動物は、アノマロカリスの仲間ではあるが、それよりももっと節足動物の祖先型に近いと思われる特徴をそなえている。

中国から見つかっているアノマロカリス類の別種には、大きなひれ状の構造物の下面に脚が確認されている。しかしフルディアには脚が認められない。つまりフルディアのほうがアノマロカリスよりも原始的な節足動物らしい。

二〇〇九年になされたもう一つの驚くべき発見は、アノマロカリスの子孫の発見だった。デボン紀中期（三億九〇〇〇万年前）の地層から見つかったシンデルハンネス・バルテルシは体長一〇センチながら、頭部はアノマロカリスそっくりなのに、胴体のいちばん前の体節に、まるでタガメの脚かペンギンの翼を思わせる大きな付属肢をそなえている。アノマロカリスが一億年の雌伏《しふく》の末に到達した姿がこれなのか。

子孫が残るためには、太祖から繋いできた系統という縁《えにし》の糸を途切れさすことなく紡ぎ続けなければならない。生物の進化が孤立無援のうちに起こることはないのだ。思えば、この世に生命が誕生して以来いかほどの生きものが命脈を絶ったことか。これまで地球上に登場した生物種の九九パーセントは絶滅したというショッキングな事実もある。

最新の研究では、ヒトとチンパンジーの遺伝情報（ゲノム）の一致度は九八・七七パーセントに及ぶという。別の言い方をすれば、ヒトとチンパンジーが共通の祖先から分かれた七〇〇万年間に生じた遺伝的な違いは、わずか一・二三パーセントしかないということだ。

この事実、この数字を、ぼくらは喜ぶべきなのか、悲しむべきなのか。それは、進化という事実と正面から向き合うかどうかによって違ってくる。

序章で引用した、ダーウィンの『種の起源』末尾の言葉が思い出される。それは、「生命は、もろもろの力と共に数種類あるいは一種類に吹き込まれたことに端を発し、重力の不変の法則にしたがって地球が循環する間に、じつに単純なものからきわめて美しくきわめてすばらしい生物種が際限なく発展し、なおも発展しつつある」という言葉だ。このような「生命観には荘厳さがある」と喝破したところに、ダーウィンの真骨頂がある。しかも今から一五〇年も前に。

＊　　＊　　＊

五〇歳で『種の起源』を世に問うたダーウィンは、ヒトの由来や、ヒトと動物との共通点

〈図35〉ダーウィンの自宅の庭に復元された「ミミズ石」。いっしょに写っているのはダーウィンの孫の孫、ランドール・ケインズの足

に関する著作を発表した。しかし最晩年、死の前年に出版した最後の著作は、なんとミミズの生態に関する本だった。

子ども時代、魚釣りが大好きだったダーウィンは、母親代わりだった姉から「生きたミミズを針に刺すのはかわいそうだから塩水で殺してから刺しなさい」といわれたという逸話がある。ビーグル号の航海から帰還して最初に行なった発表も、ミミズに関する研究だった。自宅の庭の芝生には、ミミズが地面に置かれた石の下を掘り返すことで石が地中に沈下する様子を観測するための「ミミズ石」まで設置していた（図35）。

ぼくらが見ていようと見ていまいと、生きものたちはそれぞれの営みを黙々と続けている。ちっぽけなミミズでも、世代を超えて地面を掘り返し続けることで、大きな石柱（モノリス）すら、いずれは土中に埋めてしまう。個々のミミズは、単にそれぞれの生を紡いでいるにすぎない。しかしそうした活動が世代を重ねることで大きな力となる。命の糸は、そのようにして受け継がれていくのだ。ダーウィンはそのようなメッセージをミミズから受け取ったのではないか。

しかも、ミミズも人間も、もともとは同じ祖先から分かれた仲間である。分かれた後に辿ってきた道のりは遠いが、いずれも地球を何度も襲った大量絶滅の危機を乗り越え、生命の糸を紡いできた同士である。

ぼくらが住む地球は、広大な宇宙に浮かぶちっぽけな星である。意思を交わせる知的生命体が他にもいるかどうかはわからない。しかし、ヒトは決して孤立無援ではない。ダーウィンが提唱した進化論と最新の科学がそう教えてくれる。

生命の進化という事実に向き合うと、ヒトは謙虚になるしかないはずなのだ。

あとがき

二〇〇九年のダーウィン年もあっという間に明けてしまった。

思えば、ぼくにとってのダーウィン年は、二〇〇七年からすでに始まっていた。二〇〇八年三月に国立科学博物館でオープンする予定だった「ダーウィン展」の手伝いが始まっていたからだ。

その「ダーウィン展」が終了した二〇〇八年の秋には、『種の起源』の新訳を出す話が浮上した。半年ほどで片がつくと思っていた訳業は、結局一年あまりにおよんだ。その一方で、光文社のPR誌『本が好き!』での連載も始まり、結果的に、まさに疾風怒濤の年になった。

二〇一〇年を迎え、波は収まったのかといえばそんなことはない。二〇一〇年は生物多様性を保全するための国際会議COP10が名古屋で開催される年であり、ここでもダーウィンの偉功《いこう》が反映されるはずだからだ。地球上に生命の賑《にぎ》わいをもたらした生物進化と正面から向き合う絶好の年ともいえる。本書が、そのための指針として少しでも役立つなら幸いである。

本書は、前述の『本が好き！』での連載に加筆したものである。連載時は、編集を担当してくれた山川江美さん、同誌編集長の秋吉潮さんにたいへんお世話になった。連載の提案をしてくれた山川さんには、引き続き本書の編集も担当していただいた。この場を借りて感謝の意を表したい。

また、連載に先立って蒲郡《がまごおり》の「生命《いのち》の海科学館」にいっしょに赴《おもむ》き、日本随一のバージェス動物コレクション探訪にお付き合いしてくださった萩尾望都さんにもお礼をいいたい。おかげさまで、国内聖地巡礼の価値が数段高まった。

バージェス頁岩の現地を訪ねてから、早くも一六年半の歳月が流れた。思えば遠くへ来たものだ。旅立ちのために親戚に預けたネコの老いぼれぶりがそれを物語っているが、それは自身の姿を映す鏡でもある。しかし、少なくともダーウィンの没年まではまだだいぶ時間が残されている。本書の刊行を弾みに、旅を続けたいものだ。


ダーウィン二〇一回目の誕生日　二〇一〇年二月一二日

渡辺　政隆

渡辺政隆（わたなべまさたか）
1955年生まれ。東京大学大学院修了。サイエンスライター。独立行政法人科学技術振興機構科学コミュニケーションエキスパート、日本大学芸術学部・奈良先端科学技術大学院大学・和歌山大学の客員教授などを兼務。専門は科学史、進化生物学。著書に『ガラガラヘビの体温計』（河出書房新社）、『シーラカンスの打ちあけ話』（廣済堂出版）、『DNAの謎に挑む』（朝日選書）、『一粒の柿の種』（岩波書店）、翻訳書に『ワンダフル・ライフ』（早川書房）、『「進化」大全』（光文社）、『種の起源（上・下）』（光文社古典新訳文庫）など多数。

ダーウィンの夢《ゆめ》

2010年3月20日初版1刷発行

著　者 ― 渡辺政隆
発行者 ― 古谷俊勝
装　幀 ― アラン・チャン
印刷所 ― 萩原印刷
製本所 ― ナショナル製本
発行所 ― 株式会社光文社
東京都文京区音羽1-16-6（〒112-8011）
http://www.kobunsha.com/
電　話 ― 編集部03(5395)8289　書籍販売部03(5395)8113
業務部03(5395)8125
メール ― sinsyo@kobunsha.com

　ISBN 978-4-334-03555-6

光文社新書

145 **子供の「脳」は肌にある** 山口創
「心」はどう育てたらよいのか――。どんな親でも抱く思いに、身体心理学者が最新の皮膚論を駆使して答える。子供の「心」をつかさどる脳に最も近いのは、じつは肌であった。

201 **発達障害かもしれない** 見た目は普通の、ちょっと変わった子 磯部潮
脳の機能障害として注目を集める高機能自閉症やアスペルガー症候群を中心に、発達障害の基礎知識とその心の世界を、第一線の精神科医が、患者・親の立場に立って解説する。

337 **問題は、躁《そう》なんです** 正常と異常のあいだ 春日武彦
〝国民病〟の「うつ」と比べて、知られざる「躁」。たとえばそれは常識では理解し難い奇妙な言動や、不可解な事件の裏に潜む。その奥深い世界を、初めて解き明かした一般書。

398 **精神障害者をどう裁くか** 岩波明
なぜ「心神喪失」犯罪者たちは、すぐに社会に戻ってしまうのか。なぜ刑務所は、精神障害者であふれるようになったのか。日本における司法・医療・福祉システムの問題点を暴く。

404 **日本の子どもの自尊感情はなぜ低いのか** 児童精神科医の現場報告 古荘純一
主観的な幸福度が世界最低レベルの日本の子どもたち。何が子どもたちから自信や心の居場所を奪っているのか。QOL調査結果を元に診療や学校現場の豊富な事例を交え考察する。

414 **子どもの将来は「寝室」で決まる** 篠田有子
親離れ・子離れ、きょうだいの確執、セックスレス…。寝室は愛や嫉妬が満ちている。その5000件の調査を基に家族の悩みを解決！ 知能・感性を伸ばす「寝かたの法則」とは？

446 **離婚で壊れる子どもたち** 心理臨床家からの警告 棚瀬一代
三組に一組が離婚に至る現在、乳幼児を抱えての離婚も急増している。両親の葛藤や子の奪い合いに巻き込まれた子どもたちは何に苦しみどう発達していくのか。その現状と解決策。

光文社新書